問題解決力とコーディング力を鍛える英語のいろは

鈴木 達矢

技術評論社

● 本書をお読みになる前に

　本書に記載された内容は、情報の提供のみを目的としています。したがって、本書を用いた運用は、必ずお客様自身の責任と判断によって行ってください。これらの情報の運用の結果について、技術評論社および著者はいかなる責任も負いません。

　本書記載の情報は、2018年10月19日現在のものを掲載していますので、ご利用時には、変更されている場合もあります。

　以上の注意事項をご承諾いただいた上で、本書をご利用願います。これらの注意事項をお読みいただかずに、お問い合わせいただいても、技術評論社および著者は対処しかねます。あらかじめ、ご承知おきください。

● 商標・商標登録について

　本文中に記載されている社名、商品名、製品等の名称は、関係各社の商標または登録商標です。なお、本文中に ™、®、© は明記していません。

はじめに

　この本を手にとっていただき、ありがとうございます。本書はエンジニア向けに英語学習を手助けする趣旨で書かれています。「文法も語彙もひととおり勉強したはずなのになぜか意味がわからない文がある」「どうやって勉強するのが効率が良いのかわからない」「技術書やリファレンスに使われる単語をもっと知りたい」といった課題を抱えているエンジニアのみなさんの少しでも役に立てるように設計されています。本書は他に、以下のようなモチベーションを持たれている方を想定・対象にしています。

- 開発中、ライブラリが吐くエラーメッセージが読めず、エラーにどう対応したらよいかわからないで試行錯誤しているうちに時間が経ってしまう
- 英語で書かれているドキュメントが多いので、もっと早く調べ物ができるようになりたい
- OSS（オープン・ソース・ソフトウェア）に貢献したいがGitHub[※1]上のコミュニケーションに対する苦手意識を取り除きたい
- Gitのコミットコメントやspecの説明の書き方によく悩むので良い書き方が知りたい
- 端的で自己説明的なクラス・変数名やテーブル・カラム名の命名ができるようになりたい
- 文法的に意味の通じる変数の名付けができるようになりたい
- Stack Overflow[※2]で的確に質問して期待した回答を得られるようになりたい

　また、本書は英語学習専門の本を補うように設計しました。そのため、基礎文法に関しては網羅的に記載するのではなく、必要に応じた最低限の記載に留めています。また、文法用語はなるべく用いないで説明するように努めました。その代わりに他の図書ではあまり書かれていない応用・実践に関するノウハウを多く含んだ本に仕上げました。

※1　https://GitHub.com/
※2　http://stackoverflow.com/

はじめに

　そして、私が最も苦労し時間を費やした点が、本書で取り上げる事実や参照先についてなるべく間違った情報を書かないようにしたことです。ですので、本書で取り上げる事象は、可能な限り時間をかけて事実関係や正当性を調査したうえで記載しています。

　逆に自分の想像や意見に関しては、それとわかるような書き方をしています。応用の内容であっても単なる個人の感想や体験談に収まらないように、読む人が安心して読める本を目指しました。

　全章、サンプルコードは全て Ruby2 のシンタクスで書かれています。

各章の紹介

　各章の内容についてかんたんにご紹介します。

第 0 章　学習をはじめる前に

　主に英語を勉強したのにいまいち効果が出ないという方を対象に、根本的に学習方法を変えることをご提案しています。そのための基本的な考え方を導入します。義務教育英語・受験英語から開放された今だからできる、伝えるための応用英語のための学習方法への切り替えのすすめ、そして具体的に効果の高い学習方法について解説しました。

第 1 章　20 分で復習する基本文法

　以降の章を理解するために必要な英語の基礎知識について復習するための章です。本書はなるべく文法に頼らないようにしたつもりですが、本書を理解するうえでの必要最低限の文法についてはこちらで網羅しています。コードにおける英語の法則を正しく習得するため、また英文を齟齬なく理解・発信するためには、こちらの章の知識が前提になります。以降の章で立ち止まったときは第 1 章を復習してください。

第 2 章　日本語と英語の違いを意識しよう

　新しい言語に取り組むとき、私達はつい母国語を基準に考えてしまいます。その影響によるコモンミステイク（よくある間違い）は意味のわかりづらいプログラ

ミングコードを書いてしまう原因になってしまったり、コミュニケーション上の齟齬や、時間のかかるコミュニケーションの原因につながることがあります。この章では日本語の独自性について解説しています。

第3章　いろいろな情報をインプットする力を育てる

　正確に意味を伝えるためには単語の選定が重要です。そのためには英語のネイティブスピーカーが普段使っている標準的な表現を事前に大量にインプットしておく必要があります。この章では、効率の良い情報の収集の仕方や、良い情報ソースについて記載しました。

第4章　英語でアウトプットしてみよう

　英語でのアウトプットを種類ごとに解説しました。英語といえば読むことが中心でコミュニケーションに苦手意識がある方にはこの章を読んでいただいて、まずアウトプットする力をつける第一歩を踏み出すお手伝いができればと思います。また、開発でよく使う英単語・表現をその使われ方とともにリストアップしました。

第5章　OSSに参加しよう

　不具合を見つけてそれをOSSの開発元のGitHub上のプロジェクトに報告し、修正するまでを例として、OSSへの参加の方法について解説しています。開発時の問題に英語で対処したり、OSS開発に参加する敷居を下げたりするのが目的です。

第6章　コーディングマナーとしての英語

　第6章、第7章では私たちに最も身近なプログラミングについて触れます。第6章ではプログラミングの現場で滞りなく作業していけるためのマナーとしての英語に範囲を絞って解説しました。英文法と変数名などの命名の関連性などについて言及しています。

第7章　コーディングスキルアップのための英語

　第7章ではもう一歩踏み込んで英語力をコードのデザインの裏付けとして戦略的に使うことができることについて解説しています。

はじめに

　最後になりますが、英語学習は非常に範囲が広く、この本の範疇を超えてご自身の努力を多分に要求するものです。そのため、この本は完読すれば本書に期待した全てのことができるようになっていると約束するような銀の弾丸ではありません。しかしながら、この本を読むことによって1人でも多くの方が英語に対する苦手意識を克服したり、スキルの習得方法に関してどこから手を付けていいかわからないような暗中模索な事態を解消して最初の一歩を踏み出せるようになることを目的としています。

　私個人としては、この書籍を通して日本の開発現場のコードや開発にかかる諸制度が今よりも国際化・国際平均化すること、ひいては日本人エンジニアが日本にいながら活躍できたり、当たり前に世界のコスモポリタンな都市の労働市場に参加しているような状態、また逆に、海外のエンジニアが英語で当たり前に働けるような受け入れ体制づくりに少しでも影響を与えられたらと願うところです。

2018年　8月

鈴木達矢

CONTENTS

はじめに 3

第0章 学習をはじめる前に　　　　　　　　13

0-1 英語学習につまずくのはなぜ？ 14
英語学習は難しいか？ 14
今までの学習方法からスイッチしよう 15
楽しい状態を続ける　～情意フィルター仮説 15
効率の良い学習方法が人によって異なるのはなぜ？ ... 16

0-2 大人になってからの英語が覚えられないわけ 18
習うより慣れろ　～習得－学習仮説 20

Column 海外に出てみたら毎日が楽しかった話 21

第1章 20分で復習する基本文法　　　　　27

1-1 動作や存在を表す　～動詞 28
目的語と動詞 28
他動詞・自動詞どちらにも使える動詞 29
日本語では自動詞だが英語では他動詞の単語 30

Column 大人の英語学習には机上の勉強が必要か？
～モニター仮説 31

1-2 時や場所の意味を補う　～前置詞 32
どうして前置詞が必要なのか 32
前置詞は右脳の世界 33

1-3 状態や程度を表す ～副詞 36
前置詞と副詞の見分け方 36

1-4 よく使われる前置詞・副詞 39
時間に関する表現 39
動作主・手段に関する表現 42
相手・対象に関する表現 43
その他 45

1-5 省略されている主語を推測する 48
分詞の形容詞的用法 48
動名詞の形容詞的用法 49

> **Column** SVOCに注力しすぎては
> 英語を話せるようにならない 50

第2章 日本語と英語の違いを意識しよう　53

2-1 単語単位の違い 54
文字数の違い 54
単語の発音 54

2-2 文章単位の違い 55
単語同士の発音 55
単語の順序 55

2-3 文をまたぐ法則 59
日本語はハイコンテキストで文脈依存度が高い言語 59
日本語における省略と異なる英語における省略 60

2-4 英単語と日本語単語が表す意味の範囲の違い 64
日本独特の単語の選び方 64
使われる組み合わせが限定されている単語
～コロケーション 66

> **Column** 間違っていてもどんどん突き進もう
> ～認識化仮説 67

2-5　名詞に関する法則 69
英語では名詞を連続することは（あまり）ない 69

第3章　いろいろな情報をインプットする力を育てる　71

3-1　多読のススメ 72
> **Column** 英文の意味がわからないのはなぜ？ 74

3-2　情報源を英語圏のものに切り替えてみる 76
良い情報の取り方、吸収の仕方 76
興味駆動学習を手助けするニュースサイト 77
Podcast 77
英文技術書で学習する 78
一般書で学習する 78
ニュース、ドラマを字幕付きで見る 80

第4章　英語でアウトプットしてみよう　81

4-1　書くそれとも話す？ 82
ライティングはDSLのようなもの 83
人と話す 83
> **Column** 読み書きはできるが話せない
> ～各スキルは相互に関係している 84

4-2　アウトプットを実践してみよう 87
シャドーイングやディクテーションを行う 87
アクセントに気をつける 88
ブログを書いてみる 91
Twitterでつぶやいてみる 91

4-3 開発でよく使う英単語・表現 92
プログラミング用語 92
セキュリティ 93
キュー 93
データベース、データ分析 94
UI、デザイン 94
その他のよく登場する言葉 96
Column イギリス英語のご紹介 97

第5章 OSSに参加しよう　101

5-1 開発時の課題に直面したら？ 102
英語で検索する 102
ライブラリのエラーに対処する 103
Column エラーメッセージは
ドメイン固有言語のようなもの 105
GitHub上で不具合を報告する 106

5-2 Gitのコミットメッセージの書き方 110
コミットメッセージのルール 111
構成 111
タイトル 112
本文 113
Column コミットメッセージによく使う動詞 114

5-3 コードレビューの仕方 116
オーサーとして 116
レビュアーとして 117
Column 自分が作ったツールを宣伝する 123

第6章 コーディングマナーとしての英語　125

6-1 レビュアーに読みやすいコードを書く……126
コードは英語のネイティブスピーカーにとって
どのように見えるのか？……127
読めないコード……127

6-2 動詞の態に関するコモンミステイク……132
時制に惑わされない動詞の活用形の求め方……132
主語に惑わされない動詞の活用形の求め方……134
誰が主語なの？　〜SRPから動作の主体を探す……135

6-3 命名における日本語由来のコモンミステイク……136
日本語と英語の意味の範囲の違いを確認する……136
複数語からなる単語を1語で呼ぶのはやめよう……136
逆の動作を un- 動詞で表す……137
省略してはいけない単語を省略しない……138

6-4 前置詞に関するコモンミステイク……139
前置詞の後は -ing 形……140

6-5 意味が曖昧だから避けたほうがよい単語……141

6-6 コード中での名詞の扱い方……144
動詞か名詞か？……144
名詞の連続をして良い場合、良くない場合……144
単数形か複数形か？……146

第7章 コーディングスキルアップのための英語　149

7-1 振る舞いを抽象化するときは形容詞を使う……150
抽象化する動詞の動作主には -er と -or、
受け手には -able……153

7-2 具体には名詞を使う（クラスによる継承） 156
- 具体と振る舞いどちらを選べばよいのか？ 158
- 誰が抽象メソッドを持つべきか？ 159

7-3 メッセージングに名前を付ける 162

7-4 英語的な感覚を TDD に応用する 166
- 最初の例 166
- 主な改善点 170
- 日常会話のような表現 172
- さらなる改善点 173
- スペックの準備が多い場合 175
- TDD のまとめ 179

付録　効率良く勉強するために便利なツール　181

- おわりに 186
- 参考文献 187
- 索引 189

学習をはじめる前に

英語学習につまずくのはなぜ？

　義務教育の英語科目は言語学の文法理解を問うもので、文語の正確な解釈を主な目的としています。「コミュニケーションを取れるようになる」ということとはそもそも目的の設定が違うため、成果が出づらく、学習につまづきやすいです。そのため、大人になってから個人の負担で時間的・労力的・金銭的コストを払って英語習得に再投資する必要があります。

　学習法に関する疑問の多くは過去に言語学で研究・検証されています。本書に登場する学説はその多くが仮説であり、証明があるわけではありませんが、あなたの学習に多くのヒントを与えてくれるでしょう。参考にしてみてください。

🔊 英語学習は難しいか？

　コンピュータプログラマなら、英語学習に際して理解できないほど難しい概念がほぼ登場しないことに気づくでしょう。いや、文法を学問的に学習したりリスニングを全く間違いなく行うのは確かに難しいでしょう。ですが言語を流暢に話すのに文法を体系的に理解している必要があるでしょうか？　たとえば我々日本人は日本語の微妙な間違いを指摘することができますが、日本語の文法を完全に把握しているでしょうか？　人間はどうやら体系的な学習で得た知識からではなく、習得した能力から発話をするようです。

　現代言語学の父と言われるノーム・チョムスキーは、誰にでも生得的に言語を習得する言語獲得装置[1]（Language Acquisition Device）と呼ばれる心的器官が存在すると提唱しました。それは観察的に存在を仮定した仮想的なものなので、その作用を司る脳の部位が特定できているわけではありません。もしかしたらソフトウェア的な形のないものかもしれません。そして、その装置が持つ普遍的な機能のことを普遍文法[2]（Universal Grammar）と呼びました。自然言語（英語、日本語）は普遍言語と外的言語刺激に還元できる、すなわち、全ての言語を習得する

---

[1] "Aspects of The Theory of Syntax（学術論文）"、Noam Chomsky 著、M.I.T. 刊、1965 年
[2] "Syntactic Structures" Noam Chomsky 著、Mouton Publishers 刊、1957 年

能力は誰にでも備わっているはずであるとしています。

言語獲得装置の存在に関しては具体的な証明があるわけではありませんし、存在の否定も頻繁にされています。しかしながら、後続の言語学理論において頻繁に参照されている重要な概念です。

🔊 今までの学習方法からスイッチしよう

Q. 効率の良い学習方法はありますか？
A. 人と目的によりますが、大量の英語サンプルに接することと、エラー・コレクション（correction ＝修正）の頻度を上げるのが効率が良さそうです。

大量の英語のサンプルに接し学習の結果を積み立てておいて、エラー・コレクションによって抽象・パターン化するのが非効率に見えて効率的だと思います。少なくとも 2000 年代以前の義務教育体系では、コミュニケーションを取るための実践的な英語力をなかなか身に付けられないことはみなさん体験的にご存じのことでしょう。実践的な英語力を獲得するには思い切った学習方法の方向転換が必要です。では具体的にどのような学習方法が良いのでしょうか？　それは学習者の状態とその人の目的によります。ただし、「この場合にこういう方法が良さそう」ということがおおむね研究されている分野もありますので、それらを本書では解説します。

🔊 楽しい状態を続ける　～情意フィルター仮説

学習に対するネガティブな感情があったり、失敗を恐れ過度に緊張感を持って臨んだ場合に感情のフィルターが高まってしまい、学習効率が低くなってしまうという仮説があります。これを情意フィルター仮説[3]（The Affective Filter Hypothesis）と言います。

英語の学習曲線はおおむね図 0-1 のようになります。縦軸が総合的な英語力の高さを表し、横軸は学習時間の合計を表しています。

---

[3] "Principles and Practice in Second Language Acquisition" Stephen Krashen 著、University of Southern California 刊、1892 年

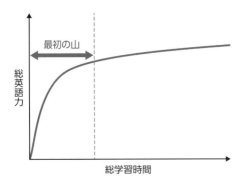

図 0-1 英語の学習曲線

　エンジニアにはロジックの理解が得意な人が多く、そうした人は文法の勉強は比較的短期間でできてしまうので、上達した自覚を最初の山で味わうことができます。しかし、その後はひたすら語彙を増やすために費やす、あまり大きな進展を感じられない時期が長く続きます。この時期に差し掛かったあたりで英語学習を一旦止めてしまう人が多いように思います。人間、成果を感じられないとつまらなくて長続きしません。ニュースを読めるようになる、自分の好きなことを説明できるようになる、など、語彙の学習にも細かい目的を設定できるとよいですね。

　また、私から経験則的に言えることもあります。英語学習は長い道のりです。自分の上達や小さなアチーブメントを喜びを楽しみとして感じやすくする状態や、自分のちょっとした間違いを他人に表明することに寛容な自分を意識的に作り、それが長く続くようにすることが非常に大事だと思います。

効率の良い学習方法が人によって異なるのはなぜ？

　先述の効率の良い学習方法が人によって異なる、というなんとも歯切れの悪い回答しかできないのは、言語学習に影響する変数が多すぎるためです。言語の習得は複雑な科学現象ですが、過去にさまざまに一般化されたものが提唱されています。そのうちの1つ、スポルスキのモデル（Spolsky's Model）を紹介します。

0-1 英語学習につまずくのはなぜ？

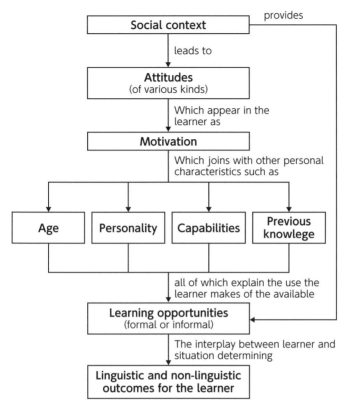

("A General model of second language learning" Bernard Spolsky 著、1989年)

図 0-2　Spolsky's Model

　このフロー図をご覧になってわかるように、最終的な成果 (linguistic and non-linguistic outcomes for the learner) には社会的コンテキスト、学習態度、モチベーション、年齢、性格、能力、予備知識、学習機会がそれぞれ複雑に影響し合っています。

大人になってからの英語が覚えられないわけ

　あなたが子どものとき、母国語である日本語を文法から学び始めたでしょうか？

　子どもはまず、「バイバイ」や「いただきます」「ここ、ここ」といった、大人が頻繁に言って聞かせる音を単調に真似することから発話を始めます。そして親から与えられるそれらの言葉とそのときの状況から単語の意味を推測します。最初は1単語だけを言えるようになります。推測なので意味を間違ったまま単語を使い続けることもあるでしょう。最初は文法も発音も語彙もままなりません。

　次に、「これここ！」とか「ジューチュちょうだい」とか「おとうちゃんどこ？」といった2語だけの文（2語文）で話し始めます。歯磨きしたくないという否定の意思表示は「歯磨きないない」のように、何にでも「ない」を付けた大人の真似事という形で最初は出現します。しかし、後々に否定形という文法への認識が発生し「歯磨きしない」のように活用形の形を取ります[※4]。

　このように、子どもは親や身の回りの人（caretaker）を通して自分の生活・生存にとって最重要かつ最小限の事柄から文法・発音・語彙のインプット・アウトプットを始めて、それを繰り返すようにして上達します。そうした相手の意思理解と自分の意志を伝えるという反復の圧倒的な回数の練習を通して、相手に意味の通じる文法とは何かとか、伝えたい意味を的確に表す語彙・コロケーションの選択の仕方を統計的に積み立てながら、第一言語（以下第一言語をL1、第二言語をL2と言います）の能力を形成していきます。L1習得では小さい語彙、小さい文法から始めて、徐々に枝葉を広げるように表現の範囲を広げていきます。根源的で大雑把な意味を表す語彙をまずは覚えて、あとで細かい違いを表現できるように穴埋めします。

　それに対してL2獲得は、言語に関わらず既に森羅万象の概念形成にかかる学習をほぼ終えた状態から始まります。また、大量の言語的コミュニケーションを

※4　言語習得の順序については "A First Language" Roger Brown 著、Harvard University Press 刊、1973年が参考になります。

提供してくれるような奇特な相手（caretaker）が身近にいてくれることは稀です。既に形成されたL1のパラダイムがL2の邪魔をすることもあります。

　私が生まれて初めて三輪車に乗ったとき、「三輪車」というL1の単語と、身体感覚やアフォーダンス（三輪車が提供する、乗り物であるという概念）をセットで記憶しました。つまり、L1の学習は言語形成と概念モデル形成のセットで行われます。しかしL2学習において、そのL1で形成済みの概念モデルのうち名前だけをL2の単語に置き換えることは、L1学習とは全く異質な行為です。

[L1]: { 三輪車 : 三輪車の概念 } => 入れ替え => [L2]: { tricycle: 三輪車の概念 }

　言語を話すときは言語野だけでなく他の感覚野なども一緒に活発化しているそうで、確かに、言語は概念モデルとセットで成立するもののようです。私の息子の保育園でも、たとえば「My car is fast.」というフレーズを、車を運転する姿をデモンストレーションしながら覚えます。

　ディープラーニングによる機械学習では、学習サンプルを断片化し、それらをニューラルネットワークの複数の入力層に入力します。そして、それぞれのインプットに対し、再現度が高いアウトプットが得られるように重み付けを調整します。この一連の作業をエンコーディングと言います。ディープラーニングではこのエンコードされた結果を次の層のインプットに使います。多層で伝言しても最初のインプットとアウトプットが別物になってしまわないように、各階層でわざとノイズやエラーを起こして制度の高いエンコード化された演算結果を得ます。結果的に、最終層のアウトプットでは精度高く抽象化された結果を得ることができます。たとえば、笑っている顔はスマイリーのような円の中に目となる2つの丸があって、その中に口に当たるお皿型の弧があるという図形にまで抽象化できたとします。そこまで抽象化すると、人が笑っていても、何かのキャラクターが笑っていても、笑っている顔と認識できるようになるのです。

　上記の一連の処理の中で、インプットからアウトプットを得るまでの学習には多大な計算量が必要です。また、サンプルが多ければ多いほど精度が高まります（ただし、人間の実生活において同時期に大量のサンプルに接することができるのは稀です）。しかしながら、学習の結果を使って笑っている顔を判定するのは一瞬のことです。

また、口に当たる弧を反転させると悲しい顔だと認識できます。笑っている顔との関係を考えると、上位概念に感情というものがあることがわかります。こういった関係性の連鎖をセマンティックネットワークと言い、機械翻訳などに応用される重要な研究対象です。

人間の学習にもおそらく同じことが言えて、大量のサンプルに対するエラー・コレクションによって制度の高い抽象化やアウトプットを得られるようになるのではないかと思います。また、習得には時間的・労力的コストがかかるのに対して、その抽象化された蓄積を用いて発話するのは一瞬のことです。私が思うに、幼い子供の脳は恐らくこうした抽象化や、先の三輪車の例にあげた概念モデルの形成、セマンティックネットワークの形成、自分の行動が外界に及ぼす結果などを物凄いスピードで計算して学習している可能性があります。あのつぶらな瞳でぼんやりと観察したり、物を壊れるくらいまで叩く姿の裏にはこのような激しい仕事があるはずです。そしてL1の習得とはまさにこの学習結果に対して名前を与えるような行為です。そして言語は、「齟齬なく相手に物事を伝えるために、物事の関連性を主語・述語などの関連性で説明すると精度が良い」ために生まれたものなのではないかと思います。

🔊 習うより慣れろ　〜習得ー学習仮説

習得（Acquisition）と学習（Learning）

クラッシェン（Stephen Krashen）の習得ー学習仮説[5]（Acquisition-Learning Hypothesis）では、習得と学習を明確に区別しています。習得（acquisition）は子どもがL1を見につける無意識的な工程を指します。それに対し、学習（learning）は文法などの言語構造を論理的に理解する意識的な工程を意味します。そして、それぞれの方法で得られた能力は異質であり、一方がもう一方に転化されることはないと主張しています。

生まれつき（nature）と育ち（nurture）

一方行動主義心理学者のスキナー（Skinner）は、言語習得はただ外的言語刺激だけではなく報酬や嫌悪刺激（罰）を与えることや大人を真似ることで初めて育ま

---

[5] "Explorations in Language Acquisition and Use" Stephen Krashen 著、Heinemann 刊、2003 年

れる[※6]（nurture）としています。これはチョムスキーの生得的な普遍文法に後続する学説と、今に至るまで対立しています。この問題は言語に限らず、心理学の文脈で生まれつきか育ちか（nature vs nurture）と一般に言われています。

> **Column** 海外に出てみたら毎日が楽しかった話
>
> 　私が初めて海外で働いたのはイギリスのロンドンでのこと。2つの職場を経験しました。毎週月曜が楽しみで、「大人になっても人生こんなに楽しく過ごしていいものなんだな」と思ったのが鮮烈な思い出です。その後はポーランドでも職場を経験しています。私はアメリカ合衆国では短期留学しかしたことがないので、欧州での私の経験に限ってご紹介します。
>
> 　私が住んでいたロンドンはコスモポリスで、ニューヨークと同等か、それ以上の人種が集まっていました。世界のいろいろな地域から来ていた同僚と働いて得た経験からすると、どうも日本を始め、極東の職場文化が独特なようであると気づくに至りました。
>
> **欧州の人たちってどんな人達なの？**
>
> 　日本人が欧米の人に抱くステレオタイプとして、欧米人の大げさなしぐさなどがあるのではないでしょうか？　アメリカ合衆国には確かに大げさなしぐさや、ある種の伝統的マッチョイズムが存在すると思いますが、欧州にはあまりそういうものは存在しません。そもそも、欧米人の動作の大きさにはそれを抑制して申し訳なさそうに振る舞わせる機会が、彼らの人生においてなかったことに基づいていると思います。欧州のほうが社会の仕組みも社会民主主義的寄りなので、日本人に合っているかもしれません。
>
> 　欧州の人と言ってもいろいろ違いはあるので、一般化は難しいのですが、総じて自然に湧く感情に率直で合理的な人たちという印象を持っています。エンジニアと相性が良いのではないでしょうか？
>
> 　以下、特に断りがない場合は欧州全般を指しています。

※ **6** "About Behaviorism" B. F. Skinner 著、Alfred A. Knopf 刊、1974年

日本と異なる点

【プライベート】

- 英国：どの駅にもショッピングモール、コンビニ、大型映画館などのお金のかかる遊びは全くないが、代わりに大型公園がある
- ポーランド：巨大ショッピングモールだらけ
- 英国：カラオケ、遊園地はあまりないが、パブ、クラブ、演劇などの遊びは洗練されていて、安くて質が良い

【日本とはまったく違う欧州の労使関係】

- 英国：繁忙期にプロジェクトのキーパーソンが 2 週間くらいのホリデーへ行くことがある
- 英国：残業を断る

  チームに休日出勤をお願いしてきた CEO に対して、CTO がフェアじゃないと断るということがありました。日本では、スタッフに残業をさせる仕組みを設計している上司ではなく、残業しない同僚に対して怒りの矛先が向く傾向があると思います。

- 個人は他人の時間を奪えない

  日本では、上司に限らず同僚の一言で他の人のプライベートな時間を奪えます。仕事を頼む側も頼まれる側も、言い渡されたタスクが残業しないと遂行できない前提だとうすうすわかっていても、誰も「残業しないと終わらない」と主張しないようです。

- プロジェクトの期日が守れない場合

  日本ではプロジェクトの期日が守られなければ、個人がプライベートの時間で責任を吸収する傾向がありますが、欧州ではマネージメントのプランニングは適切だったかなども含めて分析して判断します。もしもプランニングが適切でなければ、残業はしない前提で再度プランニングをします。私の考えですが、マネージメントも職能と捉えられているので平等な評価の対象であることと、個人のパフォーマンスは一度給与で評価されているので、重複して個人が責任を吸収する必要がないのだと思います。

【人間関係・雰囲気】

- アンガーコントロールができない人は昇進しづらい傾向にある

  日本では経営層がやってほしいことを遂行してくれることが中間管理職の至上命題で、人を働かせる際にどんな手段を用いたかは評価の対象になりづらい傾向があると思います。欧州では部下の共感を呼べる人物でないと、部下が言うことを聞いてくれず、実務遂行に悪影響が出ると思います。

  また、日本では昨今の大手広告代理店の新入社員が自殺した問題で、社会的に共感を呼びやすい長時間労働のことは問題視されていますが、もう一方の、人権についてはあまり語られていないようです。帰国当時、上長が部下に何でも言えてしまうことに私は非常に驚きました。

- 仕事に付随する余計な業務が少なく、本質的な業務だけに集中できる

  働く時間を減らせばその分だけ単純にGDPが下がります。だから日本では労働時間を減らす代わりに労働効率を上げるべきという議論がありますが、IT業界では管理工学を取り入れることで仕事の効率は既にかなり高くなってきていると思います。しかし、一方で自分の成果だけを考えて仕事を増やすような自分勝手な顧客や上司にノーと言うことや、インシデントやクレームを避けるために費やされる仕事の量を相対的に下げることによって得られる効果に関しては、あまり公に議論されていない気がします。

- セクショニズムは存在するが日本ほどではない

  日本ではどの単位でも村を作って、お互いの村の利益を守る傾向がありますが、欧州では他部署や顧客も同じ目的を共有する仲間です。我々の私生活や業務の苦労をいたわってくれますし、無茶を押し付けてくるような相手ではありません。

- レッテル張りがない

  遊びや善悪の実体験が豊富な人が多く、他人の考え方に対して、教えられたものではなく、体験に基づく理解がある人が多いです。そのため、「あの人は、こんな趣味や考えを持っているから異質な人物であろう」といった類の安易な先入観やレッテル張りがそもそも起こりにくいようでした。

- 週末の出来事の話は大切なコミュニケーションのきっかけ

  日本では、まだあまり仲が深まっていない相手にプライベートの時間に何をしているのか聞くことはある種のタブーですが、欧州では週明けにその週末に

したことをよく聞かれます。会話のきっかけとしてとらえられているそうです。日本でそういったコミュニケーションを回避するような雰囲気がありがちなのは、レッテル張りを避けたがる心理が一部働いているのではないかと思います。

- 怒るときは子供のように怒る

    怒るときは「おれは・わたしは怒ってるぞー」というのがすぐわかる怒り方をします。怒るときに何に怒っているか素直に伝えてくれるから対処がしやすいですし、下手に隠したりしないので後にしこりが残りづらいと思います。

【「責任」のとらえ方】

日本で働いていたとき、あるチームメンバーのランチが長引いたことに対して、同じチームのメンバーがやたらと怒ったということがあります。給料をもらっている以上モラルを持って働くべきだとは思いますが、たった一度、ランチが長引いただけで自分に直接的な実害があるわけではないですから、本当は怒る理由がないはずです。怒りの源泉をよくよく観察してみると、どうやら「同じチームメンバーとして自分が上司から監督責任を問われて、迷惑を被るかもしれない」と主張しているようでした。こういうことは私の海外経験ではただの一度も見かけたことがありませんでした。

同じ構造の問題は日本社会のいろいろな場面で見かけると思っています。電車で騒ぐ子どもにやたらときつくあたる親や、電車が遅延すると「絶対に遅刻はできない」と、ここぞとばかりに駅員を糾弾する人などがいます。どちらも「誰かに怒られるから」という理由で、別の誰かを攻めるという構造だと思います。そもそも社会が寛容であれば、他人の失敗や逸脱が自分の責任であるかのように感じる必要がない気がします。自分が正義だと思って行っていることにも、背後には自分が怒られるイメージがあるから他人に怒る必要が出てくるのではないでしょうか？

【議論】

- 誰でもものが言える

    日本のベンチャー界隈以外では「この立場ではそんなこと言う資格がない」「このタイミングで議論を戻すようなことを言うべきではない」と萎縮しがちな傾向がありますが、欧州では理論こそ正義なので、組織のどのレイヤーの人が何を言っても意見は尊重されます。

- シニカルなジョークを言っても大丈夫
    日本の職場ではミーティング等でシニカルなジョークを言うと場が凍りつくことがありますが、欧州ではみんな言うし笑うので大丈夫です。辛辣なことはシニカルなジョークにくるんで出したほうが witty かもしれません。
- ストレートに問題を言っても大丈夫
    日本では雰囲気を守ることが大事です。欧州でも雰囲気を守ることは非常に大事ですが、問題を直視することはもっと大事です。
- 身内に病人が出た場合はそれを最優先する

日本と似ている点

逆に、日本と似ている点もあります。

- ポーランド：リポートラインを気にする
    リポートラインを忠実に守ることに非常に気を使い、自分が役に立てそうでも他人の仕事の領域におせっかいをやかない傾向があります。
- 成果を上げることに関するプレッシャーは強い
- 成果物に対する責任も強い
    たとえば、自分の作ったコンポーネントが不具合を出したり、未完成で他の人のブロッカーになっている場合は残業してでも早めに問題を取り除くのが普通です。
- 必要があれば残業・休日出勤する
    ただし、日本では繁忙期が過ぎても、義務であるかのように定時まで働きますが、欧州では繁忙期が過ぎれば、そのときの残業時間を相殺するのが権利であるかのように 15 時台に帰ります。
- 会社の組織上の重要な人を気にする
    会社の組織上重要な人物に、進捗や成果物のプレゼンをするときは製品の品質や表現の丁寧さに気を使います。

欧州ではこのような違いのもと、みんな仕事には情熱を持って取り組んでいました。こういうロールモデルを一度見てしまうと、日本で「良いものをつくるために」という命題のもと行われているさまざまな我慢は本当に必要なのかなと思うように

なります。日本はそれでも、「我慢すれば生活が保証される」という一定のメリットがあり続けたからこのような仕組みが維持されました。しかし、我々1人ひとりの行動様式が身近な職場を変え、ひいては社会を変えるようになるのではないでしょうか？

現代は史上最も個人次第で選択肢がある時代です。20年前のように商社や大手IT企業に勤めていなくても、それなりに努力すれば個人の選択として海外で働くことができるようになりました。私のような平凡なエンジニアでもできたのですから、あなたにも間違いなくできるでしょう。海外とコミュニケーションを取りたい・海外へ出たいと希望する人がいればぜひ後押しさせていただきたいです。

第1章
20分で復習する基本文法

この章で学べること

- 他動詞や自動詞を区別できるようになることで意味を正確に伝えられるようになる
- 前置詞は、自動詞と名詞の間に空間的・精神的な関係性を補完する
- 副詞は動詞、形容詞、他の副詞、名詞の意味を修飾する
- 「-ing ＋名詞」の -ing の主語はそれが形容する名詞
- 「-ed ＋名詞」の -ed の主語は定まらない

1-1 動作や存在を表す　〜動詞

　これから楽しく英語を身につけていくために、文法をおさらいしておきましょう。あらためて復習するのは気乗りしないかもしれませんが、英語学習においても、後の章で解説するコード中の命名規則を理解するうえでも、文法を覚えておくことは非常に重要です。

　まずは最も重要な動詞です。動詞は2種類あります。1つは他動詞と言い動作を他者に及ぼす動詞で、もう1つは自動詞と言い動作を主語に及ぼす動詞です。

　他動詞と自動詞を間違えるととても意味が通じづらくなってしまいます。たとえば

HTTP server manages to respond to all given requests.

とするところを

HTTP server manages to respond all giving requests.

としてしまうと、文中の give の動作が何から何に対して行われるのか、よくわかりません。非常に多くの英文法が、他動詞と自動詞を区別するという基本原則に基づいているため、英文やコードの意味を正しく理解したり、逆に伝えたりするためには、これらを区別できるようになる必要があります。

　他動詞と自動詞を区別するには、まず、目的語を理解する必要があります。

🔊 目的語と動詞

目的語

　Object（目的語）は動詞が表す動作を受ける語です。目的語になりうる品詞は名詞です。

　たとえば日本語で「うどんを食べる」と言った場合は「食べる」という動詞に対して、その動作を受ける「うどん（を）」の部分が目的語になります。

他動詞

主語がその動作を通じて他者である目的語に直接的に影響を及ぼすとき、その動詞を他動詞と呼びます。他動詞は直後に目的語を伴います。

> **例**
>
> **I had udon for lunch today.**
> 私はランチにうどんを食べました。
> ▶ 主語：I、動作の対象：udon

have（＝食べる）という動作の及ぶ対象は「うどん」です。主語と動作の対象が異なるので、この文での had は他動詞となります。なお、動詞の後に目的語が近接している場合、その動詞は他動詞です。

自動詞

主語が動作を及ぼす対象が主語自身になる動詞を「自動詞」と言います。

> **例**
>
> **I go to school on weekdays.**
> 私は週末に学校に行きます。
> ▶ 主語：I、動作の対象：I

go という動作の受け手は自分自身（自分自身を行くように仕向ける）なので、go は自動詞です。school は go の直後ではなく to という前置詞を挟んでいます。前置詞については、1-2 節「時や場所の意味を補う　～前置詞」（p32）で詳しく説明します。

🔊 他動詞・自動詞どちらにも使える動詞

英語には、同じスペルで他動詞にも自動詞にもなれる動詞が多く存在します。コンテキストで判断しなければならないので慣れが必要です。

たとえば stand は、他動詞にも自動詞にもなれる動詞の1つです。

- 他動詞：我慢する

  I can't stand her treating me this way.
  彼女が私をこのように扱うのに我慢ならない。

- 自動詞：立つ

  I cannot stand on one foot for more than twenty seconds.
  私は20秒以上片足で立っていることができない。

この例文の場合は動作の対象が直後にあるかどうかで自動詞か他動詞かすぐ判断できます。しかし、次のような文章の場合はどうでしょうか。

> Sometimes my wife farts loud enough that I can hear it through my headphones. I cannot stand (it).
> This footpath is frozen all the way from my house to the office. I cannot stand (it).

もしも it を省略してしまうと、stand が自動詞の「立っていられない」の意味なのか、他動詞の「我慢できない」の意味なのか、わかりづらくなってしまいます。

他動詞の動作の対象を省略するのはよくある日本語の癖ですが、例のように自動詞・他動詞のどちらの意味なのかがわかりづらくなることがあります。自動詞なのか、他動詞なのかは強く文脈に依存していますので、なるべく省略しないようにしましょう。

🔊 日本語では自動詞だが英語では他動詞の単語

日本語の癖によって自動詞と判断してしまいがちでも、英語では他動詞の単語があります。これらは日本語の意味によって他動詞か自動詞かを判定するのではなく、前述のように動作の対象が主語であるか、それ以外であるかによって判定しましょう。

次の単語は、他動詞として使われることが多いです。

- attend：出席する
- enter：入る
- oppose：反対する
- resemble：似ている

大人の英語学習には机上の勉強が必要か？～モニター仮説

　文法という羅針盤がない状態で手探りで学習するのは非効率ですし、単語の羅列で話したり、命名に失敗し、誰にも理解されないコードを書く人になりたいかというとそうではなかったりするかもしれません。クラッシェンのモニター仮説（the Monitor Hypothesis）によると、実生活で言葉を話すときに利用されるのは習得によって身についたスキルだそうです。それに対し机上の学習で得た文法知識は、単に自分の発話しようとした文を監視（monitor）し、間違いがあれば訂正するだけの限定的な働きをします[※1]。

　私は、L2学習者が文法的に正しい文をそうとは意識せずに使えるようになるまでは、このモニターを活発に働かせている時期がどうしても必要だと考えています。また、習得には労力・時間的コストがかかるので、他人の学習結果を文法という形でインポートできるのは一定の利益があると思います。ただし、文法学習＝個人の机上の学習としてとらえがちなのは日本の義務教育にもとづいた発想だと思っています。私がロンドンで通っていた語学学校でも、私の子供が通っている保育園でも、かんたんな文法を先生が口頭で教えてくれたら、あとは隣の生徒と人称・時制を変えて練習し合い、最後に皆の前で発表します。そして、間違いを他の生徒や先生に訂正してもらいながら覚えるという実践的な練習をしています。

　文法的な「正しさ」だけに注力しすぎる必要はありません。ですが、英文の翻訳のようなほぼ無限の時間が保証された環境下では、文法は重要な働きを担うのです。

※1 "Principles and Practice in Second Language Acquisition" Stephen Krashen 著、University of Southern California 刊、1892年

1-2 時や場所の意味を補う ～前置詞

🔊 どうして前置詞が必要なのか

　自動詞の場合、動作の対象は主語自身です。そのため、自動詞自身の動作は、他者に影響を与えることができません。その性質から、自動詞が自身の動作に物理的・心理的方向性を与える場合には、前置詞が必要になります。逆に言うと、前置詞が直後に続けばそれは自動詞ということです。

　その際に前置詞は動詞に付くものと解釈するのではなく、名詞に付くものと理解しておいたほうが自然です。前置詞という名前は、名詞の「前」に「置」かれ、文中で形容詞句、副詞句としての働きをすることが語源です。表1-1のように、前置詞＋名詞だけで意味を伝えることができます。

表1-1　自動詞を省略しても通じる

例	意味
to the beach	ビーチへ（標札などでよく使われる表記）
off the ground	離陸して
from disco to disco	ディスコからディスコへ
into the void	虚空（こくう）へ
around the world	世界中で

　このように動詞を省略した表現は、RSpecやGitのコミットメッセージで説明を短く端的に説明するときや、より短いメソッド名で命名するのによく使われます。たとえばDateというクラスにconvert_to_stringというメソッドがあったとします。この場合、convertを省略してDate#to_stringとより端的にすることができます。頭に入れておくとよいでしょう。

　前置きが長くなりましたが、goという動詞を例にとって考えてみましょう。goの意味を辞書で引くと、それぞれ次のような意味があります。

- 自動詞：前方に進む、行く、及ぶ、継続する、進展する、〜の状態になる、意見が承認される、物が売れる、費やされる、頑張れ、思い切って〜する、聞き返す
- 他動詞：〜と鳴く、（金銭を）賭ける、生じる、〜を味わう、（スポーツで）戦う

たとえば下記の例では「go crazy」の go は他動詞で、狂ったようにはしゃぐという意味になります。一方「go the beach」の go は自動詞ですが、前置詞がないため意味を成しません。

- ○：Let's go crazy!
- ×：Let's go the beach!

「to」を「the beach」に足して「Let's go to the beach!」と修正しましょう。to はある地点から別の地点への方向性を表す前置詞です。この場合、to は現時点からビーチへの方向性を表し、go はその行程を行うという意味になります。

もし to がなければ、この中のどの意味なのか補完するのが難しくなります。誤って「to」を忘れてしまっても、「the beach」という場所が対象であることがわかっていれば、「to」を補完して「ビーチに行く・向かう」という意味であると推測できるかもしれません。しかし、文脈によっては混乱をきたす場合もあります。

🔊 前置詞は右脳の世界

次の例を見ていきましょう。

- **Let's go for lunch!**
  ランチに行きましょう。

  この場合 for は「〜のために」という目的を意味します。また、ここでの for は物理的な方向性を指すのではなく、精神的な方向性を指します。そしてそれは、to のように直線的なものではなく、特定の範囲をサーチライトで照らしたような大まかな方向性というニュアンスを持ちます。ですから for に「行きましょう」という動作に大まかな目的を足して直訳すると、「ランチ

のために行きましょう」、意訳すると「ランチに行きましょう」という意味になります。

● **We have to look into the problem.**
問題を調べないといけない。

　into は「〜の中に入り込む」という意味です。to の「ある地点からある地点へ」という直線的方向性に加えて、in の特定の範囲の「中に」という空間的方向性を持ち合わせています。この場合は「問題へ入り込む」「問題へ入り込んで詳しく見る」という直訳になり、意訳すると「問題を調べる」となります。

● **Tom got some chewing gum stuck on the bottom of his shoe.**
トムの靴にチューインガムが付いた。

　on は接触を表します。on を使っているからといって必ずしも何かの上に乗っているとは限らず、底に付いている場合も on を使います。ちなみに、stuck to とも書けますが微妙に意味が異なります。to はガムの一部がくっついている、on はガム全体がくっついているというニュアンスです。

● **Aim at the corner of the goal and kick.**
ゴールポストの角を狙って蹴れ。

　at は点を表します。この文の場合は to のような方向性ではなく、点をめがけるイメージでキックせよというニュアンスになります。

　このように前置詞は、単品では意味を成さない自動詞に空間的・精神的な右脳的領域を補完する役割を果たします。前置詞も動詞同様1つの単語が常に1つの意味を表すものではありません。コロケーション（語と語のつながり）によっていろいろな意味を成します。そのため「前置詞3年冠詞8年」という言葉があるくらいで、L2 英語学習者が完全に全ての前置詞を習得するには何年もかかると言われています（個人的には3年で済めばまだよいほうだと思います）。

　前置詞を専門に学べる書籍はたくさん出版されています。私がおすすめしたいのは『改訂合本 ネイティブの感覚で前置詞が使える』（ロス典子 著、ベレ出版、

2010/11）という本です。この本には以下のような特徴があります。

- 著者・監修者にネイティブスピーカーやそれに近い能力の人が複数いる
- 絵をパラパラと見ているだけで前置詞の感覚を理解し記憶できる
- 最初から絵を抽象化せず、最初に何枚も具体的な場面を提示してくれるので場面ごとに覚えられる
- 同じ理由から意外な例も取り込める

他にもきっと良い本はあると思いますが、例文や説明だけで意味を解説する書籍は非効率です。前置詞は右脳領域の仕事であるだけに、前置詞の概念をイメージで捉えようと試みる本から選ぶのがよいと思います。また絵を最初から抽象化しすぎる書籍も具体例の取りこぼしが多くなる可能性があるでしょう。

1-3 状態や程度を表す ～副詞

　副詞は動詞、形容詞、他の副詞、名詞を修飾します。形容詞や副詞を修飾する副詞は一目瞭然であるのと、本書は品詞の特定を目的としているわけではないため説明は省略します。ここではプログラミングコードやコミュニケーション上で意味を正しく伝えるために自動詞と他動詞を区別できるように、副詞が動詞を修飾する場合にのみ焦点を合わせて説明します。

　前置詞は自動詞にのみ続くことを先ほど説明しましたが、副詞は自動詞にも他動詞にも付きます。そのため、「動詞＋何か＝動詞は自動詞」と捉えてしまうと他動詞を自動詞と間違えることがあるので注意してください。前置詞は副詞から派生したものです。もともとあった副詞だけでは動詞とその動作の対象である名詞の空間的・精神的関係を表せなくなってしまったため、前置詞が登場しました。そのためか on や off のように、前置詞にも副詞にもなる単語が多数存在し、自動詞と他動詞の判定を難しくしています。

🔊 前置詞と副詞の見分け方

　前置詞と副詞の見分け方は以下のとおりです。あくまでも前置詞と副詞の判定を目的と捉えるのではなく、自動詞と他動詞の判定が目的と捉えてください。

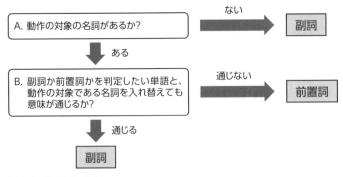

図 1-1　前置詞か副詞か

1-3 状態や程度を表す 〜副詞

いくつか例文をあげて解説します。図 1-1 と照らし合わせて考えていきましょう。

● **Let's go "out" tonight!**
　この文には名詞が見当たりません。したがって、out は「副詞」です。前置詞は名詞の前に置くものなので、out が前置詞ではないことは自明です。

● **He takes "off" his shoes when entering his home.**
　A の設問の解は「ある」です。「off his shoes」がそれに当たります。では、B の「副詞・前置詞と判定したい語と動作の対象である名詞を入れ替えても意味が通じるか？」を試してみましょう。

He takes his shoes off.

　take の動作の対象が his shoes であり、take の直後に置いた場合は直訳するなら「靴を取って (take) 離す (off)」となり、違和感がありません。つまり take は「他動詞」です。そしてどのように take したのかを修飾しているのが off という「副詞」になります。一見すると副詞とわかりづらいですが、たとえば、off を ly で終わる副詞に置き換えると、He takes his shoes gently（彼は靴を優しく持っていった）となります。副詞であることがぐんとわかりやすくなるのではないでしょうか。

● **Eugen likes to jump off the sofa.**
　A の設問の解は「ある (the sofa)」です。B の「副詞・前置詞と判定したい語と動作の対象である名詞を入れ替えても意味が通じるか？」を試してみましょう。

Eugen likes to jump the sofa off.

　jump と the sofa が直接接しているので、他動詞的にこの文章を無理矢理直訳しようとすると「ユウゲンはソファを飛び下ろすのが好き」となります

がそれでは意味を成しません。つまりこの文の jump は「自動詞」で off the sofa が前置詞＋名詞という組み合わせになります。したがって、off は「前置詞」です。

- **Eugen likes to watch planes take off and land at Haneda.**

最後の例はトリビアです。

設問への解は A：ある、B：通じる、となり、take off at Haneda は自動詞＋「副詞」＋前置詞＋名詞です。

ですが、planes take off はもともと planes take itself off the ground であり、take は自分自身 (itself) を動作の対象とする他動詞でした。そして、off the ground は先述の例のように前置詞＋名詞でした。take itself は「自分自身を持っていく」という意味になり、off the ground は「地面から離れて」という意味です。ところが、ほぼ planes take itself off the ground が決まりきったセットで使われるために、「地面から」という部分が省略され、また自分自身を動作の対象とするため「itself」も省略され、take は自動詞になり、今の「take off (離陸する)」という形になりました。

最後の例のように、現在「自動詞＋副詞」の形をとるものは、もともと「他動詞＋目的語＋前置詞＋目的語」の形をとっていたものがあります。他には以下のような例があります。

- give up (諦める)／give myself up (私自身を何かの手に渡しきる)
- go along with someone (賛同する)／go myself along with someone (私自身を誰かに同調させる)

このパターンの組み合わせには省略があるため、現在の形からは意味が推測しづらいですね。つまり、リーディングにおいて正しく意味を把握するためには、あらかじめ組み合わせを知っている必要があるのです。

1-4 よく使われる前置詞・副詞

前置詞・副詞の概念は論理的に理解しても良いのですが、どのようなときにどの前置詞が使えるのか覚えてしまうのが早いです。覚えると後から理屈が付いてきます。最初から論理的に覚えようとすると、概念が難しいものがあったり、そもそも他の前置詞と区別したいがために使い分けているだけであまり論理がない場合があったりして、学習が極端に非効率になります。ここでは論理的に説明が通るものに関して解説します。

🔊 時間に関する表現

in、on、at

in は範囲、on は面、at は点を表します。

- **in January（1月に）**、**in winter（冬に）**、**in 2018（2018年に）**
  in は期間という特定の範囲の中にあるイメージを表します。

- **on 18th April（4月18日に）**、**on Monday（月曜日に）**、**on weekends（毎週末に）**、**on a business trip（出張中に）**
  「〜に際して」、「〜の状態で」、「〜中に」の意。ごく短い期間のブロックに（面で）接しているイメージを表します。HTMLのonClick属性のonと同じ使われ方です。

- **at 10:30 PM（午後10:30に）**、**at breakfast（朝食時に）**、**at work（仕事中に）**
  時間軸上の点、すなわち日本語の時点と同義です。

〜後という日本語に対応する表現

- **in 10 minutes（10分後に）**、**in 10 days（10日後に）**
  話者が現時点からの未来を表すときは in を使用します。「今」が起点のと

きは必ず「in」を使います。後述する after や later は使いません。in に続く時間表現が表す時間的空間の中に主語がロックインされているイメージを表します。

ちなみに「10分以内に」は「within 10 minutes」で表すことができます。

● ~~after 10 minutes~~

通常、「after 10 minutes」という表現はほとんどしません。

> after the meeting（会議後に）
> after you（貴方の（行為）の後に＝お先にどうぞ）
> after school（放課後に）
> after Shiki came to the world（しきが生まれた後に（この場合 after は接続詞））
> after 10 PM
> after 10 minutes（？）

after 10 minutes という表現は、しても良いですが「10分という出来事の後に」というニュアンスになり、少々具合が悪いです。なぜそうなるかは先行する他の after の例を参考にしてください。after は直に続く内容が表す出来事の後を示します。また、その出来事の後のいつなのか限定しておらず、その判断は読み手・聞き手・文脈に任せられています。

過去・未来を起点に、そのさらに未来を表す場合は、in ではなく after か later を使います。

- I won't forget you after moving abroad.
  私は海外に引っ越した後もあなたのことを忘れません。

● **10 minutes after ～（～の10分後に）**

「in 10 minutes」が今から10分後を指すのに対して、「10 minutes after ～」は「～で表す任意の時点の出来事から10分後」を表します。

- **right after 〜、straight after 〜、immediately after 〜、just after 〜、soon after 〜（直後に）**

    全て〜の直後にという意味ですが after の直前の語によってニュアンスが異なります。

- **10 minutes later（10 分後に）**

    次の 2 つの文は等価です。

    - The computing process starts everyday at midnight and finishes 10 minutes after that.
    - The computing process starts everyday at midnight and finishes 10 minutes later.
    演算処理は毎晩深夜 0 時に始まり 10 分後に終了する。

    基準となる時間がコンテキストによって既に明確な場合には after that と書くことができます。さらに、その that を省略して later と書くことができます。つまり、later は「その後」という意味になります。

later の他の意味

- **later this week（今週後半に）**

    こちらは前置詞・副詞ではなく形容詞になりますが、later は「後半の」という意味になります。

    - I'll do my research later this week.
    私は今週後半に調査をします。
    - I'll do my research after this week.
    私は今週の後に（来週以降に）調査をします。

🔊 動作主・手段に関する表現

by 動作主（動作主によって）

受動態において動作主を示すときに by を使用します。by の後には人、団体、行為が続きます。

- The book was published by Gijutsu-Hyohron-Sha.
  この本は技術評論社によって出版された。
- Meat becomes rich in flavor by letting it rest overnight.
  肉は一晩寝かせることでコクのある味になります。

with 道具（道具を用いて）と by 道具・手段（道具・手段によって）

with は道具が直後に続き「～（道具）を用いて」という意味になります。

- We Built our serverless app with AWS Lambda.
  私たちはサーバレスアプリを AWS Lambda で作った。

by は with 同様に用いた道具に加えて、手段を表すことができます。ただし、by には「他にも手段が考えうるがある手段を選んだ」というニュアンスがあります。

- He went to Gajoen by train.
  彼は雅叙園に電車で行った。
- Could you send me the address by email?
  その住所を email で送っていただけませんか？

with と by を交換すると変な場合

- 〇：He still writes a letter with his favourite fountain pen.
- ×：He still writes a letter by his favourite fountain pen.
  彼はいまだにお気に入りの万年筆で手紙を書く。

with を by に変えると、他にも道具がいっぱいあるのかと読み手が勘ぐってし

まう可能性があります。同時に by の場合は道具を後にとれますが、手段としての道具を指すので数えられません。そのため、常に「by + 単数名詞」の形をとるのが正しく、上記の場合は「by fountain pen」でないと不自然です。

with と by を交換しても意味が通じてしまう場合

- Mt. Zao was covered by snow.
- Mt. Zao was covered with snow.
  蔵王山は雪で覆われている。

どちらも雪で覆われているという意味になりますが、by のほうは「雪によって何が隠されているか見えない」という暗黙の意味があります。

🔊 相手・対象に関する表現

to と for

to は現在地と目的地を直線的に結びますが、for はアバウトに目的地を指すイメージを表します。

- The Eurostar goes to Amsterdam.
  そのユーロスター（の列車）はアムステルダム行きです。
- A Eurostar left for Amsterdam.
  ユーロスターはアムステルダム（方面）に向かった。

後者の場合、アムステルダム方面に向かっただけでアムステルダムに到着するかどうかは明記されていません。
同じような考え方は人に対するときも当てはまります。

- Santa Claus gave it to me.
  サンタクロースがそれを私にくれた。
- Santa Claus bought it for me.
  サンタクロースがそれを私のために買ってくれた。

必ず相手が必要な動詞には to を、そうでない場合は for を使います。to はあげるという行為が相手まで直線的に届くイメージです。それに対して、buy の買うという行為は相手抜きでも独立して成立します。for には「〜の代理で」という意味合いもあります。for はぼんやりとした方向を指し示しているだけで、実際に相手の（この場合は me の）手に渡ったか明記してあるわけではありません。

to と for が文頭に来る場合

難しいのは、冒頭に for や to が来る場合です。

- To me, it's not a big problem.
- For me, it's not a big problem.
  私にとって、それは大きな問題ではない。

ネイティブスピーカーの意見も人によってばらつきがありますので、明確な意見の一致をみません。ですが、それらの共通点はおおむね以下に集約されると思います。

- to me には「自分の見地からすると」というニュアンスがある
- for me は後続の内容が示す事実が自分に影響を及ぼす場合に使われる

そのため、以下の例の場合は後者が成立しません。

- ○：To me, he isn't a snob.
- ×：For me, he isn't a snob.
  私にとって、彼はお高くとまった人ではありません。

🔊 その他

via ~（~経由で）

- Digital certificates provide third-party verification of the certificate owner's identity via a certificate authority.
  デジタル証明書は証明書所有者のアイデンティティを認証局経由で行う第三者検証を提供する。

excluding ~（~を除いて）、including ~（~を含んで）

- Count page views excluding visits from members of staff.
  スタッフの訪問を除いてページビューを数えてください。
- Count page views including those from smartphones.
  スマートフォンを含むページビューを数えてください。

except for ~（~を除いて）

- We get approximately 1 million daily page views except for visits from members of staff.
  スタッフの訪問を除いて1日あたり約100万ページビューがあります。

except と for の2語で前置詞の役割をします。

instead of ~（~の代わりに）

- The document was certified by Joe, instead of Dan who was away from the office on a business trip.
  そのドキュメントは出張中でオフィスにいなかったダンに代わってジョーによって認証されました。

by 数値（数値ずつ）

- Define a table column with an auto increment by 1.
  1ずつ自動インクリメントするテーブルカラムを定義してください。

from と of

fromはtoの逆で、もとの場所から現在地を直線で結ぶイメージです。ofはそれを囲む左右の単語を等価のものとして結びます。

- accesses from mobile device
  携帯端末からのアクセス
- accesses of mobile users
  携帯端末利用者のアクセス

最初の例をaccesses from mobile usersとすると、モバイルユーザがモバイル端末を介さずに直接Webサイトにアクセスするような印象があり、若干不自然です。

- a method to generate hash value from a string
  文字列からハッシュ値を生成するメソッド
- a method to generate hash value of a string
  文字列のハッシュ値を生成するメソッド

前者は文字列を引数に取るメソッドを連想させます。後者は何からかは言及がありませんが、とにかく生成したハッシュ値を文字列として返すメソッドです。

with ～（～を持つ（属性））

- Do you remember the boy with long eyelashes at the luncheon?
  昼食会にいた長いまつげの少年を覚えていますか？
- The method returns true when an array with sorted items is given.
  そのメソッドはソートされた要素を持つ配列が与えられたときtrueを返す。

withは属性を表すことができます。前者の場合はboyの属性として長いまつげを持っているという意味になります。

withを用いた表現は、RSpecなどの単体テストで端的にコンテキストを説明するのに便利です。もし代わりにwhoseを用いる場合は、以下のように長くなります。

- The method returns true when an array whose items are sorted is given.

up

upには上へという意味の他に「やり切った最後の状態へ」という意味があります。toを足した「up to 〜」は「〜に至るまで」という意味になります。

- Drink it up!　　飲み干して！
- Sum all records up to a particular point in time.
  特定の時点までの全てのレコードを合計してください。
- up to date　　こんにちに至るまで＝最新の

1-5 省略されている主語を推測する

　主語が省略されている場合にその隠れた主語を推測するにはどうすればよいのでしょうか。第6章で説明する、コーディングでの命名の際に動詞の態を ing にするのがよいのか、ed にするのがよいのか、などといったことに役に立つ知識をご紹介します。

　見かけ上、主語がないときは「分詞の形容詞的用法」か「動名詞の形容詞的用法」が使われている場合があります。

🔊 分詞の形容詞的用法

　分詞は、さらに現在分詞と過去分詞に分かれます。現在分詞は動詞 -ing（現在進行形）の形をとり、過去分詞は動詞 -ed（完了形）の形をとります。

現在分詞

　現在分詞の形容詞的用法の隠れた主語（＝動作の主体）が何であるかは、自動詞と他動詞の区別が付けばあまり難しくありません。動作の主体は形容されている名詞です。たとえば crying baby なら baby が動作の主体ですので現在分詞を用います。分詞の形容詞法は時制を特定するわけではないので意味は変わってしまいますが、A baby is crying. と言い換えても意味が通じます。

- crying baby（号泣児）：泣く子
- rising sun（朝日）：登る太陽
- living things（生き物）：生きるもの
- walking dictionary（生き字引）：歩く辞書

過去分詞

　一方、過去分詞の場合は隠れた主語ははっきりしません。they とか we とか不特定の集団を指す言葉になります。たとえば spoken language は They speak that language. とか That language is spoken by them. と言い換えても意味が通じます。

- spoken language（口語）：口語話される言葉
- ready-made product（既製品）：出来合いの製品

🔊 動名詞の形容詞的用法

　現在分詞＋名詞と同じ形をとりますが、動名詞の形容詞的用法は文中の影の主語の存在を特定する理由や重要性がありません。動名詞の形容詞的用法の意味は「〜のための名詞」になります。たとえば living room であれば生活をするための部屋という意味です。room の影の主語が何になるかは暗黙知や文脈によります。この場合は一般的な生活者でしょう。

- living room（リビングルーム）：生活をするための部屋
- sleeping car（寝台車）：寝るための車両
- meeting place（集合場所）：集合するための場所

> **Column**
> ## SVOC に注力しすぎては英語を話せるようにならない

　効率の良さという一定の利点はあるものの、私たちの世代が受けた義務教育英語は SVOC を中心にした文型教育に偏っています。なぜ文型を始めとした文法教育に偏っているのは定かではありません[※2]。ほとんどの人が、英語という国際共通語で外国人と意思疎通できるようになる喜びを、大人になるまで体験していないのではないでしょうか？　こうした課題感なき科目設計によって、私たちはひたすら英会話とは程遠い文型を詰め込まされるようになりました。文型を理解しても英語が話せるようになるわけではないとうすうす気づいていても、その理解を評価される退屈さに、うんざりした方も多いことでしょう。

　また、受験英語で高得点を取れる人が英語を流暢に話せるわけではなかったり、受験英語の勉強がつまらないために、社会人になって義務教育から離れても漠然と全ての英語学習を時間の無駄と認識してしまっていることは残念なことです。ではなぜ文法に注力しすぎてしまっては英語でコミュニケーションを取れる状態にはならないのでしょうか？

　我々の時代の義務教育英語の目的は、そもそも英語を話せるようになるということではなく、文章を時間が許す限り文法的に正しく解釈することに設定されています。しかし、実践英語ではスピードが問題になります。英会話では相手の言っていることを正確に理解して、即座に回答を組み立てる必要があります。SVOC 型の思考に慣れた脳では、相手が質問していることを「S は何で V は O を伴う他動詞だから C について聞いているに違いない」などといちいち組み立てて考察する必要があります。しかしそれでは会話の速度に全く追いつきません。まるでフットボールの試合中にフィールドにいながら、他の選手を駒に見立てて将棋を打つようなものです。つまり、瞬発的・反射的思考が求められる場面で長考型の思考をすることになってしまいます。ですから文型による思考では英会話はできないのです。そして、会話が疎かになることで英語で意思疎通ができたという類の成果を実感しづらくなり、

[※2] 書籍という主たる情報源の理解が圧倒的に重要だった明治期の漢文教授法をルーツにしたため文法教育に偏った英語教育体系ができあがったようです。私が思うに、おそらく当時の情報源が文主体であり、希少であったため意味を正確に保証するために言語学を導入する必要があったのではないかと思います。また、いまだに口頭のコミュニケーションによる実践的な教育に焼き直すだけの新しい規範や授業法が作れないでいるのが理由のようです。高校・大学などの入学試験を出題する側も文法以外に定量的に採点できる出題ができないのも仕組み的原因の 1 つでしょう。（参考 1：http://e-grammar.info/pattern/pattern_41.html）（参考 2：http://www.vsop-eg.com/vsop/q-and-a/q04.php）

楽しくなくて英語学習自体を止めてしまうサイクルに入り込みかねないのです。

　極端な逆例を挙げますと、海外在住歴が長い人の中には、明らかに時制や人称が間違っているにも関わらず、知らない単語がほとんどないためにものすごい速さの単語の羅列で話す人がいます。それでほとんど差し支えなく伝わりますし、正しい文法にこだわりながらゆっくり話す人より通じているのです（英語では語順が文法の基本原則なので、単語と単語の間が空きすぎると意味が通じづらくなります）。つまり、正しい文法の学習よりもコロケーション（よくある単語同士の組み合わせのこと。例：× do effort、〇 make effort）の形成のほうが、通じる英語を話すためには重要だったりします。

　同様に、子音や母音の発音に拘りすぎるよりもストレス[※3]にこだわったほうが経験則的に通じやすい感じがします。日本語でもストレスが異なるだけで急に相手の言っていることがわかりづらくなった経験はないでしょうか？　たとえば「今日橋のあたりで待ってるね」と言われたのか、「京橋のあたりで待ってるね」と言われたのか、文脈的にどちらとも取れそうな場合は一瞬混乱することがあります。

※3　日本語ではアクセントと言いますが、英語ではアクセントは音の強調及び訛りを指す言葉です。音の強調のみを指す場合は stress と言います。

第2章

日本語と英語の違いを意識しよう

この章で学べること

- 英文は話し言葉、日本文は書き言葉由来、それぞれの由来を得意とする
- 英文の意味は語順で決まる
- 日本語は複数文をまたいだ省略が可能だが、英語は単文完結的で文をまたいだ省略はあまり行われない
- 言語によって意味の範囲が異なるので、辞書で訳が一致しただけの単語を選んではいけない

単語単位の違い

新しいことを学ぶとき、自身が慣れ親しんだパラダイムがこれから得ようとする知識に干渉してしまい良くない影響を与えることがあります。日本語と英語の違いを知っておきましょう。まずは単語単位での違いを解説します。

🔊 文字数の違い

2015年頃、Twitterに日本語で書く場合は、同じ140文字制限でも英語の2～3倍の情報を載せられるということがちょっとした話題になりました。漢字は1字でひらがな数文字分の情報量を持ちます。他方アルファベットは1つの意味を表すのに数文字が必要です。ですから日本語のほうが同じ文字数で表せる情報量が多くなるのは不思議ではありません。英文を構成する単語は発音を文字で表記したものです。アルファベットは音を表す表音文字の一種です。それに対し、日本語は音を表す表音文字であるひらがな、カタカナと、意味や形態を表す表語文字である漢字から成り立っています。

🔊 単語の発音

日本語の単語は全て「子音 - 母音」の音の組み合わせ（音節）でできていますが、それに対し英単語は「子音 - 母音 - 子音」の組み合わせでできていることが多いです。たとえば侍（さむらい）という単語を日本語のネイティブスピーカーは「sa-mu-ra-i」という音節で認識しますが、英語では「sam-u-rai」という音節で区切って認識します[1]。そして、英語ではそれらの音節同士をつなげて発音します。

※1 （参考）http://dictionary.cambridge.org/dictionary/english/samurai、http://www.merriam-webster.com/dictionary/samurai

2-2 文章単位の違い

日本語と英語の単語同士の関係や文を構成する法則には、大きな違いがあります。日本語は語順を入れ替え可能ですが、英語では語順を入れ替えると意味が変わってしまいます。英語では単語同士のつながりが重要なのです。

🔊 単語同士の発音

英語では単語中の音節同士もつながりますが単語同士の音節もつながります。これをリンキングと言います。

- work around → wor-karound
- what time → wha-time

こういった発音と表記の法則は無数にありますが、ネイティブスピーカーはそれらを話したり書いたりしながら繰り返して学んでいきます。そして文を音やリズムで認識していきます。ですから英語学習では単語だけの独立した発音練習だけではなく、文を通した単語同士の発音を練習することが重要です。

🔊 単語の順序

日本語

日本語には助詞（てにをは）がありますから、単語の順番をある程度自由に置き換えることができます。ただし、置き換えることで多少の印象の違いは発生します。

- トモコは今に至るまで大人顔負けという慣用句を大人顔向けだと思っていた。
- 大人顔負けという慣用句を大人顔向けだとトモコは今に至るまで思っていた。

ただし、例外的に以下のような場合は、気をつけないと順番の置き換えによって文が読みづらくなることがあります。

- 私は酔っ払った状態で彼女と消えた友達を探した。

この文の場合、酔った状態なのは私と友達のどちらなのでしょうか？ 次の文ではどうでしょうか？

- A：私は、酔っ払った状態で彼女と消えた友達を探した。
- B：私は酔っ払った状態で、彼女と消えた友達を探した。

Aで酔っ払っているのは「友達」です。Bで酔っ払っているのは「私」です。Aは主語が私であることを文末まで記憶しておく必要があります。

日本語ではこのように単語の順番を変えることはできますが、記憶や読み直しのコストがかかる文も例外的に作れてしまいます。それが文学的に豊かな表現を与えてくれるとも言えます。

英文は語順に支配されている

それに対し英語は、常に語順と態に支配された言語で、それらを置き換えると意味が変わってしまいます。

例1：語順が変わると意味が通じない

- Tomoko doesn't remember what someone says and is surprised every single time she hears it.
  トモコは誰かが話すことを覚えないので聞くたびに驚きます。
- Tomoko doesn't remember what someone is surprised and says every single time she hears about it.
  トモコは誰かが驚いていることを覚えておらず、聞くたびに話します。（文が意味を成さない）

例2：形容詞句や副詞句は直前の単語を修飾する

- I bought a watch from my friend in good condition.
  私は良い状態の友達から時計を買いました。
- I bought a watch in good condition from my friend.
  私は友達から良い状態の時計を買いました。

逆の言い方をすると、英語は書いてある順番通りに左から登場する単語の意味を理解していけば、意味が一貫していることが保証されています。ですから、主語を文頭から文末の述語が登場するまで記憶したり読み直したりするコストが発生することは、日本語と比べると少ないです。

英語の語順に慣れる方法

この英語の語順に慣れるために、少し遠回りをして左から処理するインタプリタになったつもりで直訳の日本語を当てはめていくという方法をおすすめします。たとえば先ほどの例は、以下のように翻訳します。

例1

Tomoko doesn't remember / what someone talks
　トモコは覚えない　　　／　何かを誰かが話す

/ and / is surprised every single time / she hears about it.
／ そして ／　　　驚く毎回　　　　　／彼女はそれを聞くたびに

▶ 意訳：トモコは誰かが話す何かを覚えず、そして彼女はそれを聞くたびに毎回驚く。

---

who や which を使った文はこのように翻訳します。

例

Kazuyoshi who has an egg-shaped head / is called / Tamago.
カズヨシは そして彼は卵型の頭を持つ　／ 呼ばれている ／ タマゴと

▶ 卵型の頭を持つカズヨシはタマゴと呼ばれている。

whose を使った文はこのように翻訳します。

> **例**
>
> ```
> Kazuyoshi / whose nickname is Tamago /     has
> カズヨシは / そして彼のニックネームはタマゴ / 持っている
> / an oval-shaped head.
> /      卵型の頭を
> ```
> ▶ ニックネームがタマゴというカズヨシは卵型の頭を持っている。

　最初の翻訳の段階によって、「／」で区切られたアセンブリ言語のような中間生成物ができます。それ自体は翻訳の過程であり英語と日本語の中間的な言語です。この生成物自体にはこだわる必要はありませんが、この翻訳の工程を続けることによって、日本語脳を英語脳にスイッチしてゆくことができます。この語順による翻訳[※2]ができるようになることが、英語学習の特にリーディングとリスニングのスキル向上においての重要なターニングポイントになります。

※2 『笠原式基本の英会話高速メソッド』笠原禎一 著、アスコム 刊、2010年

2-3 文をまたぐ法則

🔊 日本語はハイコンテキストで文脈依存度が高い言語

　日本語は文脈依存度が高く、文脈上当然であったり想像の付く内容は省略されることが多いです。例を挙げて考察してみましょう。

本を買いに行きました。面白かったので買ってみました。しかし、飽きてしまったので後日売ってしまいました。

　この文章は口語としてはごく自然な日本語です。でも実はいろいろな事実を省略しています。

日本語には主語の代わりにテーマがあり、テーマは文をまたいで省略可能

　省略したものを括弧内に書き出してみました。

（私は）本を買いに（本屋に）行きました。（その本は）面白かったので（その本を）買ってみました。しかし、（私は）（その本に）飽きてしまったので後日（その本を）売ってしまいました。

　これらの括弧書きした情報は英語の場合、代名詞などに置き換えることはできても、省略することは基本的にはできません。特に、最初の文で初めて登場する「私は」と「本屋に」は省略できるものではありません。それに対して日本語の場合、括弧書きした内容は文脈上当然の暗黙知として扱います。話し手がどこへ本を買いに行ったのかと聞かれれば聞き手は本屋だろうと答えるでしょう。本屋ではない特別な場所に本を買いに行ったときだけ場所に言及すればよいのです。日

本語には主語の代わりにテーマのようなものがあるようです。この場合のテーマは本です。テーマは文をまたいで持ち回すことができ省略可能です。

今度は括弧を外してみましょう。

私は本を買いに本屋に行きました。その本は面白かったのでその本を買ってみました。しかし、私は飽きてしまったので後日その本を売ってしまいました。

ちょっと冗長に感じますね。

単文完結的な英語

我々日本人には冗長的ですが、英文にはこの例文のようにほとんどの場合（後で例外について説明します）それぞれの文個別に完結的に「誰が／何を／誰に／した」という情報が含まれています。

私がロンドンの語学学校に通っていたときは最初の例文のように代名詞を省略をしてしまう癖が頻繁に出てしまい、先生に言っている意味がわからないと、他の生徒たちの前で何度も矯正させられたものでした。これは日本人に多い癖ということも先生方の共通認識と知っていたうえで矯正してくれているようでした（今になってみるとありがたい経験です）。

ある1つの文に省略がある場合は、ネイティブスピーカーが聞き手の場合でもなんとなく理解はできます。しかし、上記したように、省略のある文が連続すると、不確定要素が積み重ねられてしまいネイティブスピーカーが意味を追えなくなっていきます。日本語のネイティブスピーカーと英語のネイティブスピーカーには、こうした文の翻訳機の翻訳ロジックにそもそもの「違い」があるということを頭の片隅に入れておきましょう。

🔊 日本語における省略と異なる英語における省略

英語における省略もコロケーションや文脈に依存して、省略してもほぼ間違いなく特定できる語に対して起こります。基本的にどの言語でも、それを使用する特定のグループ、使用状況、使用頻度に応じて省略しても推測できるものは冗長になるので省略される傾向にあります。ただし英語の場合、日本語のように複数

の文をまたいでテーマとなる単語を持ち回して省略するということは稀なので注意が必要です。

また、出力できるメッセージの領域や容量に限りのあるソフトウェア開発の場では短縮形が頻出します。L2学習者にとっては何が省略されているかを推測して補完するのは難しく、意味を見失うことがあるため、英語における省略がどのような場合に起こるのか頭の片隅に入れておくと良いでしょう。以下に例を列挙します。

基本の省略

● it、that、there などの無生物主語の省略

もともと主語の存在を特定する必要がないので省略されることが多いです。

> 例
> - (It's) nice to meet you.
> - Back up your data if (it is) necessary.
> - (There's) someone staring at me through the window.

● you、I の省略

1対1で会話をしているときなど、ほぼ話者が特定できる場合に省略されます。

> 例
> - (Are you) having a good time?
> - (Do you) wanna grab some Mcdonald's?
> - (I) don't need it.
> - (You) pass it to me. (命令形)

● 限定的コロケーションによる目的語の省略

括弧内の目的語は動詞からほぼ限定できるため省略されます。もともと、目的語とセットで他動詞だったものが自動詞の役割をします。詳しくは1-1節「動作や存在を表す　〜動詞」（p28）を参照してください。

> **例**
> - I like reading (a book).
> - Tomoko wants Tatsuya to stop eating (food) that much.

ただし、他動詞としてしか使われない動詞の場合は目的語を省略することができず代名詞が必要です。

Cut the lamb in half and broil it.

上記の場合、it は省略できません。半分になっても、もとが単数なら it です。

単文中の省略

● 主語が重複するのを避ける省略

同文中で主語が限定できる場合は省略されます。

> **例**
> - I almost always go out with my son when (I'm) visiting a museum.
> - When (she was) young, she was quiet.
> - He smiles at me as if (he were) my boyfriend.

● 文脈上限定できるために起きる省略

> **例**
> - I ate (a meal) at Old Amalfi in Russell Sq.
> - Correct errors if there are any (errors).
> - Tomoko saw someone staring at her through the window and cautiously opened (the window) to check who that was.

● 時間から推測できるために起きる省略

> 例
> - Have you brushed (your teeth)?
> - Do you want to have something to eat? ／ No, thanks. I've already had (lunch).

● 同じ動詞の繰り返しを避ける省略

> 例
> - Drive as safe as you can (drive).
> - You don't have to come with us if you don't want to (come).

複数文中の省略

● 直前の文から推測できる代名詞の省略

> 例
> - What kind of songs do you like? ／ Hmm, deep and jazzy (ones).

● 直前の文から繰り返しになる動詞の省略

> 例
> - Have you done your homework? ／ Yes, I have (done it).

2-4 英単語と日本語単語が表す意味の範囲の違い

　英単語が表す意味の範囲と日本語単語が表す意味の範囲は異なります。辞書を引いて見つかった単語をそのまま使っているようなクラス名・メソッド名・変数名の命名をよく見かけます。しかし、日本語から辞書を引いて選んだ単語でも、その日本語の単語の意味では特定の場面でしか使えないことが多く、自分が意図した場面では意味が通じないことがあるので注意が必要です。

🔊 日本独特の単語の選び方

　たとえば、広告主や表示されるバナーへの関連を持ち、広告を表示する期間を持つ広告案件を表すクラス名を選定したいときはどうでしょうか？　私の経験の中では「Issue」というクラス名を見かけたことがあります。「広告案件」という単語は普通辞書には載っていません。そこで「案件」で辞書を検索すると、確かにissueが真っ先に引っかかります。しかし、issueという単語を聞いてぱっと思い浮かべるのはGitHubのバグ報告や問題提起の単位だったり、「The Big Issue」というホームレスの方々が配ることで有名なニュース誌だったりします。これらに共通するのは、案件という単語が持っている広い範囲の意味がカバーするうちの問題・課題という狭い意味です。「案件」に対して「issue」という訳は本当に適切なのでしょうか？　英和辞書を使用する際は「日本語と英語では単語の意味の範囲が違う」ということに注意してください。

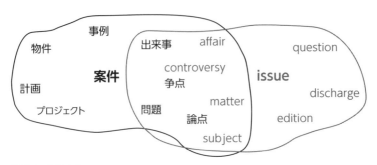

図2-1　案件とissue

図2-1は「案件」と「issue」をそれぞれ類語辞典で引いた結果です。争点、出来事、問題、論点といった意味では意味の範囲が重なっています。そのためissueという単語が案件の訳として辞書に登場したのですが、今回の広告案件を表すという意味では意味の範囲が重なっていません。issueという単語を使うには無理がありそうです。自分が想定している場面で使われている単語を正しく見つけるためには、辞書の例文をよく読んだり、英語の類語辞典を使ってより意味が重なる範囲が多い単語を選ぶのが良いでしょう。案件で引いた結果辞書に登場した単語の中では、projectという意味が最も意味が重なりそうです。

案件？

　ある単語が表せられる意味の範囲というものは、言い換えると、ある単語がどのコンテキストで使用されるのかということになります。ある単語がどのコンテキストで使用されるかというのはその国の生活習慣や文化、それによる単語の使用頻度にかなり依存して決まる集合知です。日本語の場合には曖昧な単語を広い場面で使用する癖のようなものがあります。たとえば、案件という言葉は不動産の物件にも使えるし、仕事のプロジェクトや議題という意味でも使える便利な単語ですが、それをそのまま辞書通り使うと意味が通じないことがあります。

　さて、先ほど一旦広告案件の訳として辞書から「project」を選び直しましたが、そもそも広告案件という言葉使いは日本語独特のものではないのでしょうか？もう一度定義に立ち返ってみましょう。

広告主や表示されるバナーへの関連を持ち、広告を表示する期間を持つ広告案件を表すクラス名

　実はこれは広告キャンペーンを表しています。一旦広告案件という日本語の説明に引きずられてしまいましたが、「campaign」という単語が最も表したい定義を代弁しています。

　このように英語のある概念に日本語とは別の単語がすでに割り当てられていることがしばしばあります。そういったことを前提に、まずは正確に表したいものを再定義することでより近い訳語に近づけることがあります。

　和英辞書には、ある単語がどのようなコンテキストでどれぐらい一般に使われ

ているのかということが説明として書いてありません。例文をもとに推測するしかないのです。これはほとんどの和英辞書における明らかな欠点です。ある程度語学力が上がってきたら例文が豊富な英英辞書を使うか、付録で紹介している Stack Exchange の English Language & Usage などで単語が使用されるコンテキストについて調べると良いでしょう。日本語で言うところの国語辞典と同じように、英英辞典には単語が使われる場面や使われる対象が説明的に書かれています。Stack Exchange の English Language & Usage ではより具体的な意味の違いについてのネイティブスピーカーによる解説を見つけることができます。

意味の交渉

意味の違いによって会話中に誤解を生じるなどの問題が生じたとき、聞き手と話し手がそれぞれさまざまな言い回しをして意味を特定していく対話型の作業を意味交渉と呼びます。この修正作業が言語学習者の理解に重要であるとする仮説をインタラクション仮説と言います。

使われる組み合わせが限定されている単語 〜コロケーション

1単語の意味の範囲に対して、2語以上を訳するときに表される意味を考えてみましょう。たとえば日本語では「スケジュール」は「調整する」ものですが、英語では「schedule」は「arrange」するものです。こうした、単語と単語の強い結びつきをコロケーションと言います。日本語のコロケーションと英語のコロケーションは異なるので、それぞれの単語を直訳すると意味がよくわからなくなってしまいます。

表2-1　正しいコロケーション

意味	×	○
スケジュールを調整する	adjust a schedule	arrange a schedule
興味深いと思う	think 〜 interesting	find 〜 interesting
努力する	do an effort	make an effort

コロケーションのバリエーションを増やすには、英会話や多読などが有効です。

ポール・ネイション（Paul Nation）はいつくかの研究をレビューした結果、対象の文章の95%〜98%の単語を読者が知っていないと多読による語彙習得の効果が出づらいという意見を提唱しています[※3]。

> **Column** 間違っていてもどんどん突き進もう　〜認識化仮説
>
> プログラミングやクラウドのオペレーションではちょっとした間違いでも大きな不具合につながることありますが、英会話では間違っていても自分の能力の範囲の文法や単語でいろいろと言い回しを変えてとにかく伝えることが至上命題です。そのため、間違っていても走り続けないといけないという独特の不快感を伴う学習期間が誰にでも必ず訪れます。私の場合は「自分は間違った単語や文法で喋っているかもしれない。かっこ悪いなあ」と自分の表現できる範囲の限界に、欲求不満を感じている時期がありました。未だにそのように感じることがあります。ところが、とにかく周りの外国人と過ごすことで無理矢理にでも上達することができました。当時私が住んでいたロンドンは、英語がL1ではない外国人だらけだったために丁度良い練習相手に事欠かないことが好都合でした。そういった英語を喋らないとやっていけないような状況に強制的に身を投じるのも英語学習の1つの戦略です[※4]。
>
> そもそも日本人の語学学習者は間違いを厭う傾向があります。しかし言語習得には誤用をする、誤用に気付く、その気付きによって文法や形態素が体系化されるという考え方があります。つまり、多く間違ったほうが多く学ぶことができるのです。
>
> 英国の語学学校に来るまで過去形は全て-edで終わると思っていた私の日本人の友人の衝撃的な例でこの学習のサイクルを解説しましょう。

[※3] "Unknown Vocabulary Density and Reading Comprehension" Paul Nation 著、Victoria University of Wellington 刊、2000年

[※4] ロング（Long）はL2習得はインタラクションによって促進されるというインタラクション仮説を提唱しています。L2学習者が積極的に相互交流に参加し仲間と話すとき、相手に自分の言語レベルを知られることになるので、相手の話す言語レベルに影響を及ぼします。自分が理解できない場合、相手にゆっくり話してもらうなどして時間をかけたインプットが可能です。そして結果的に、学習者は習得しやすい自分のレベルに合ったインプットに多く接することができます。また、自分が間違って発話したときには相手に伝わらないなどのネガティブなフィードバックを受けます。これらのインプットが学習を促進するという仮説です。（参考）"The role of the linguistic environment in second language acquisition" Michael Long 著、San Diego: Academic Press 刊、1996年

1. 前提知識：一般的なことは「A DJ saves my life.」のように現在形で書くということを知っている
2. インプット：「Last night a DJ saved my life.」のように過去（昨晩）の話をするときは動詞に -ed を付けるということを学習する
3. 誤用：「I amed at home last night」のように am の過去形は amed だと思って誤用する
4. 気付き：親・先生などの誰か (caretaker) が「Oh, so you were at home last night.」というのを聞き過去形が必ずしも -ed で終わらないことに気付く

語学学校の先生が「I」に続くのは「was」だと直接的に教えてくれるまでの一定期間は、友人は「amed」を使い続けていました。この学習途中の誤用を中間言語と言います。そしてこの中間言語と他人からの言語刺激の差異に対する気付きが、学習者の中の文法体系を再構築して学習中の言語に近づけるのに必要なのです。これを認識化仮説 (Noticing Hypothesis) と言います[5]。そして、その誤用に気付くことが重要というメタ認知が、語学学習の戦略を考えるうえで重要なターニングポイントになるはずです。ちなみに、私の友人も 1 年後に日本に帰る頃には流暢に英語を話すようになっていました。

そんなわけで、英語学習に関しては基礎知識の土台がもしも穴ぼこだらけだとしても、応用としての実践を並行しなければいけません。その点が技術に関する積立型の学習と戦略が異なります。それがどうにもエンジニアにとっては気持ち悪いのですが、間違っていることをわかっていても堂々と発言を楽しんで学習を継続していくことが非常に重要になってきます。正確さにこだわり過ぎないほうが最終的に良い結果をもたらすでしょう。

ここからは私の意見ですが、習得の成果は恐らく豊富にサンプルがある場合に、特徴量や重み付け、符号化といった形で精度良く脳内に蓄積されると思うので、日頃はいろいろな文に接することで教師なしのデータを蓄積することを優先して、文法は後付けにするのが良いのではないかと思います。そのとき、文法の学習はエラー・コレクションであったり、何気なく使っていた文法表現の理解を定着させるという調度よい役割を果たすのではないかと思います。

※5 "The Role of Consciousness in Second Language Learning" Richard Schmidt 著、The University of Hawaii at Manoa 刊、1990 年

2-5 名詞に関する法則

🔊 英語では名詞を連続することは（あまり）ない

　日本語の熟語の感覚で英語の名詞を連続させることは、一般的に認知されている組み合わせを除いてなるべく避けたほうが良いです。前置詞のない日本語では漢字同士の関係を読む人が補いますが、英文の場合、前置詞で限定しないと、普段前置詞に慣れた英語のネイティブスピーカーにとって名詞同士の関係性を確定するのが難しくなってしまいます。ただし、利用頻度の高い組み合わせに限り、名詞を連続することができます。

表 2-2　四文字熟語中の単語の隠れた関係性を日本語で表し、それを英語の前置詞で表したもの

熟語	単語の関係性	英語
店舗商品	店舗にある商品	items at store
愛妻弁当	愛妻からの弁当	packed lunch from my wife
英語本	英語に関する本	books on English
一石二鳥	一石で二鳥（を得る）	(Killing) two birds with one stone

　たとえば「店舗商品」と同じ感覚で「store product」という変数名を付けたとすると意味は通じますが、前置詞抜きで store と product の関係を推測するのが難しくなります。ちなみに store は保存するという動詞にも成りえますので、真っ先に「保存しろ商品を」という意味に解釈されてしまう可能性があります。

　例外的に、名詞の組み合わせが一般に認知されていて関係が限定的な場合に限り「名詞＋名詞」の形を取る場合があります。room mate や project management、seat belt、night club などがそうです。これらはたとえば belt on the seat のように前置詞を補うこともできますが、ベルトを強調していると捉えられるか、シートベルトとは別のものと捉えられる可能性があります。これらの組み合わせがカタカナ語として日本語にも浸透しているためか、私たちは英語にも熟語があると思ってしまいがちです。そのため、一般的でない名詞の組み合わせによる個人の造語

を見かけますが、なるべく避けたほうが良いでしょう。英語学習者という視点に立つと、私たちはこうした一般的な名詞の組み合わせを覚えるしかありません。

　なお、access_count、item_list などの変数についてはプログラミング独自の法則があります。それらについては 6-6 節「コード中での名詞の扱い方」(p144) で説明します。

第3章

いろいろな情報を
インプットする力を育てる

この章で学べること

- 多読をすると語感を定着させることができる
- 語感を確認・修正できる環境を豊富に持てる環境に身を置くと習得が早い
- 自分が興味のあることを英語で掘ると習得が早い
- 知らない単語の割合が多い場合は読書を中断したほうがよい

多読のススメ

　ある程度辞書なしで英文を読めるようになってきたら、語感を定着させるために多読をおすすめします。語感を定着させると単語の中核的な意味がわかるようになり、変数名を決めるときやオンラインでのコミュニケーションのときに役立ちます。語彙やコロケーションはおおむね次のようなフローで育っていきます。

図 3-1　コミュニケーションフロー

　make という単語を例にとってみましょう。まず最初に我々は「make」の「作る」という意味を教わります。ところがいろいろな文章を読んでいくと、副詞や前置詞との組み合わせや文脈によって、さまざまな使われ方をしていることがわかっていきます。たとえば「make up」で「化粧をする」という意味で、「make up with」では「仲直りする」という意味である、といった具合です。それらの意味は一見全く関連性がないように見えますが、直訳の「お化粧され綺麗になった状態を作り出す」「仲が良い状態を作り出す」からは「〜の状態を作り出す」という make に共通するコアな意味を導き出すことができます。make にはさまざまな意味があり、コアな意味を限定するのはなかなか難しいですが、おおむねこの意味を共有していると思っていただければ、他の多くの場合のバリエーションに対応できるでしょう。

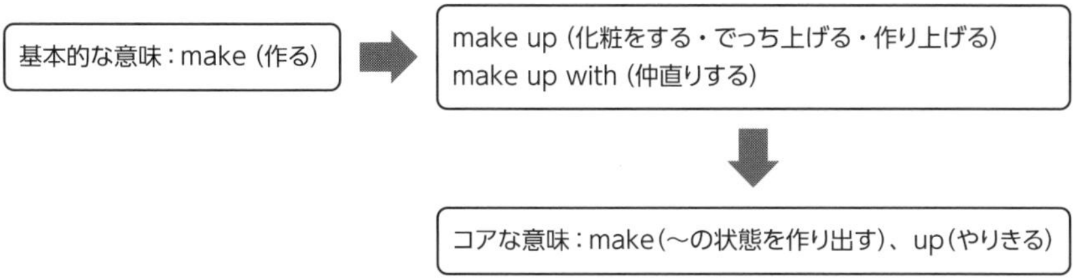

図 3-2 make の例

　副詞の up と組み合わせたときの make up は「人為的に作り上げる」「埋め合わせをする」という意味なので、「with 人」を足すことで人と埋め合わせをする、つまり、仲直りをするという意味が推測しやすいはずです。それを理解していれば「make up for〜」という新しい表現に出会ったとしても、「〜の埋め合わせをする」という意味がおおよそ推測できることでしょう。

　辞書にコアな意味が示してあると、このような応用が効くようになるはずです。しかし、和英辞書にはそれぞれの場面での表層としての日本語訳しか掲載されていないという欠陥があります。たとえば make up に対して化粧をするという限定的な意味の日本語があてがわれたりするわけです。そのため、日本語の視点だと make up と make up with は全く違う意味に見えてしまいます。ある程度語感が育ってきたら、利用シーンやコアな意味が掲載されている L2 学習者向けの英英辞典を使うことをおすすめします。

Column 英文の意味がわからないのはなぜ？

あなたが英文の意味を完全に把握できないとき、どのようなことが起きているのでしょうか？　英国の国民的小説家であるジェイン・オースティンの『高慢と偏見』という19世紀の作品の冒頭を例にとってみましょう。

> It is a truth universally acknowledged, that a single man in possession of a good fortune, must be in want of a wife.
> However little known the feelings or views of such a man may be on his first entering a neighbourhood, this truth is so well fixed in the minds of the surrounding families, that he is considered the rightful property of some one or other of their daughters.
> "My dear Mr.Bennet," said his lady to him one day, "have you heard that Netherfield Park is let at last?"

いかがでしょうか？　ほとんど知らない単語が登場しなかったと思いますが翻訳するのはなかなか難しくはなかったでしょうか。

たとえば1つ目の文章は「in want of」という語の組み合わせ（コロケーション）が「必要としている」という意味であるということを知らないと理解するのが難しくなります。単語は、単品で覚えるだけでなくコロケーションのバリエーションを増やすことで、伝わる英語を話すことや相手の英語を理解することに重要な役割を果たします。

2つ目の文は「he is considered the rightful property of some one or other of their daughters.」の意味がわかりづらくはなかったでしょうか。property（所有物）とは乱暴な言い方ですが、つまり、自分たちの娘のうちの誰か1人のものになる＝婿になるという意味です。19世紀初頭の娘を持つ親が、独身男性をどのように捉えていたかという背景を知っていないとなかなか訳すのが難しいでしょう。この文は暗黙知が必要な例でした。技術文章では、この例のように特定のドメイン知識がある前提で書かれている文が多々登場します。

3つ目の文の「let」は、文の頭に付く、たとえばLet's go!（= Let us go!）の「〜（したいように）させる」という意味ではありません。「is」が付いていて文中に登場して

いますので、ここでは「貸し出される」という意味で使われています。この文は「今まで借り手が付かなかったネザーフィールド・パークに、ついに独身男性の借り手が付いた」という意味で、ここから物語の最初の展開が起こることを示唆しています。こちらの文を理解できるかどうかは語彙を知っているかどうかが問題になります。「let」は「〜（したいように）させる」という意味の他に「貸す」という意味でもよく使われます。ある単語の基本の意味を覚えた次は別の意味を覚える必要があります。

　まとめるとこのような訳になります。

> 　豊富な富の持ち主である独身男性が妻を必要としているに違いないということは、普遍的に認められた真実である。
> 　近隣に住み始めるそのような男の（本当の）気持ちや考えはほとんど知られることはないが、この真実は周囲の家庭にとても定着しているため、（世間的に）その男は自分たちの娘のうちの誰か1人のものになると考えられている。
> 　ある日、「（愛しの）旦那様」とベネット夫人は言った。「ネザーフィールド・パークがついに貸し出されたってお聞きになられて？」

　このように、なぜ文の意味がわかりづらいかを技術文章の読解に転じて考察してみましょう。あなたがもしも文の意味に確証を持てない場合は、文中に新しく登場した概念への理解は正確なのか、背景にある自分の技術的知識は正確なのか、語彙やコロケーションの理解は正確なのか、文法の理解は正確なのかなど、要素ごとに分解して疑わなくてはいけません。さらにはそもそも原文に比喩が多かったり悪文でわかりづらいときなどがあります。読者の英語力が十分ではない場合、そのうち複数の要素が不確定になります。ですからどれが間違っているかよくわからず、せっかく時間をかけて検証してみたにもかかわらず、内容がいまいち理解できないということになってしまうのです。つまり、難しい文にいきなり取り掛かるよりは、遠回りしてこうした不確定要素を減らしていくことが効率良い理解に必要になってきます。

3-2 情報源を英語圏のものに切り替えてみる

　身近にネイティブスピーカーのパートナーがいる人は、英語がうまかったりしませんか？　同様に、海外在住経験があったり、英語圏の人に囲まれて生活していると英語が上手である場合が多かったりしませんか？　p72の図3-1で表したように、英語の語感は単語の1つの意味を覚えだけで形成されるわけではありません。いろいろな人と話して間違いを訂正してもらったり、文章を読む中でゆっくりと語感を確認・修正しながらコアな意味を記憶に定着させていくという意味交渉を行う必要があるのです。日本在住の場合、コスモポリスを持つ諸外国（英語が母国語でない国を含みます）に比べて国際標準語としての英語を使う機会が少ないですから、どうしても語感形成が難しくなります。あまり語られませんが、語感形成の機会を豊富に持つ環境に自分を置くようにコントロールすることが英語上達に重要な要素の1つです。この語感形成の機会が義務教育英語では圧倒的に不足しています。

　また、英文法の習得は比較的短時間でできますが、この語感形成に膨大な時間がかかります。先のような環境にある人は、相手の意味を理解し、すぐ応答しなければならない環境に強制的に囲まれます。ですから、語感形成が自然となされていきます。その意味で英語学習は質より量を追求したほうが良く、圧倒的な量に囲まれる状態を作っていくことが重要です。習うより慣れろですね。その一環として、自分が普段何気なく接している情報源を英語圏のものに変えていきましょう、というのが本項の目的です。

🔊 良い情報の取り方、吸収の仕方

　文を読むときの対象のメディアは、興味ドリブンで選んでいくと消化・吸収によいでしょう。たとえば英語圏のニュースに興味があればニュースサイトを頻繁に訪れたり、ニュースメディアのフィードをSNSなどに登録しておいてタイムラインで見えるようにしておきます。そうやって徐々に身の回りのメディアの言語を英語に切り替えていくことで、全方位的に語彙力が育っていきます。開発に関

わるのは技術用語が多いですが、プログラミングでは森羅万象を扱いますので全方位的な語感は必要になってきます。

🔊 興味駆動学習を手助けするニュースサイト

Metro Newspaper Digital Edition

UK のタブロイド誌である Metro のモバイルアプリ版です。Web サイトのほうはゴシップや質の低いローカルニュースが前面に出てきますが、モバイルアプリ版のほうは政治系のニュースなどがメインで、ふんだんに絵やインフォグラフィックが使われていてインタラクティブになっています。そのため、わからない単語に遭遇しても意味が推測しやすかったり、もともと平易な文で書かれているのでわかりやすいです。Facebook のページもあるのでライクして購読することもできます。

- **iOS**

    https://itunes.apple.com/gb/app/metro-newspaper/id463429891

- **Android**

    https://play.google.com/store/apps/details?id=com.metro.metrotablet

The Guardian

こちらも UK の新聞です。扱う記事の質がよく、記事は長めですがフォーマルな新聞にしてはあまり難しい単語が頻出しません。コンテキストから意味を推測しやすく読みやすいでしょう。

🔊 Podcast

朝夕の通勤の際に Podcast などはいかがでしょうか？ Podcast だと、出かける前にダウンロードしておいて受動的に聞けるので、地下鉄や、混雑時の電車でも困りません。おすすめは BBC Podcast です。質の良いコンテンツがさまざまなカテゴリにわたって配信されていますので、楽しみながら続けやすい内容となっています。

● BBC Podcast

http://www.bbc.co.uk/podcasts

🔊 英文技術書で学習する

　英文技術書は専門用語の語感や頻出表現を効率よく学べます。繰り返し同じ表現が出たりするので専門用語の意味を定着させやすいです。

　英語技術書は、説明文のわかりやすさに注意して選びましょう。文中の複数の単語がわからなかったり、単語が全部わかっていても比喩で文の意味がわかりづらい状態だと、説明が途端にわかりづらくなります。新しいことを学ぶときは説明中に不明確な要素が複数あると何が正しいかわからなくなり、前提条件を積み立てられなくなるので学習効率が著しく下がります。また、英語の技術書の場合は、そもそも著者の説明がうまくない場合でも著者の個性として矯正されずそのままになっていることが体験的に多い気がします。さらに、英語はもともと比喩や慣用句が多い言語ですが、図書においては著者の創作によるところの比喩も多いので、それがL2学習者の理解を難しくさせているのです。技術書を選ぶときは文学的な表現を好む著作はなるべく避け、単刀直入で平易な文の本を選ぶとよいでしょう。

🔊 一般書で学習する

　一般的な本の場合はより自由に読みたいと思う本を選ぶことができます。ただし、やはり語彙のレベルには気をつけましょう。語彙のレベルが自分のそれよりずっと高い場合は読むのに時間がかかります。また、技術書と同様に自分の語彙が形成されていない状態で比喩が多い文章を読むと、意味の推論に支障をきたしてしまい、ただただ時間を浪費してしまいます。そのような場合は語彙のレベルを落とすか、読んでいるのと同じ時間を単語本や単語アプリで単語を覚えるのに費やしたほうが効率的です。また、本の中で登場する新単語はフラッシュカードアプリに登録して復習すると記憶定着率が高くなります。本を読み直すとさらに覚えがよいでしょう。

Lexile (https://fab.lexile.com/)

　一般図書の語彙のレベルを調べるにはLexileが便利です。Lexileは本中に登場

する単語からその本の語彙のグレードを Lexile Measure という指数で表すフレームワークです。本の Lexile Mesure を調べるには「Quick Book Search」からタイトル・著者・ISBN で検索します。ただし、Lexile は有名で定番化した本を中心にリストしてあるので、それ以外の本は残念ながら見つけづらいです。以下、Jack Kerouac の『On the Road』という作品を例に Lexile Measure の見方を解説します。

1. On the Road を Lexile の「Quick Book Search」から検索すると 930L という結果が返ってくる
   https://fab.lexile.com/book/details/9780140185218/

2. 930L というのがアメリカの学年制度に対してどれくらいのレベルかというのが『Lexile-to-Grade Correspondence』というページの「Typical Reader Measures, by Grade」という表にリストされている
   https://www.lexile.com/about-lexile/grade-equivalent/grade-equivalent-chart/

Typical Reader Measures, by Grade

Grade	Reader Measures, Mid-Year 25th percentile to 75th percentile (IQR)
1	BR120L to 295L
2	170L to 545L
3	415L to 760L
4	635L to 950L
5	770L to 1080L
6	855L to 1165L
7	925L to 1235L
8	985L to 1295L
9	1040L to 1350L
10	1085L to 1400L
11 & 12	1130L to 1440L

図 3-3 typical_reader_measures_by_grade

930L はアメリカの 7 年生です。アメリカの 7 年生は 12〜13 歳で、日本の中学 1 年生頃にあたります。つまり、On the Road はおおむね中学校低学年で習う語彙で書かれていると言えます。

また、「Vocabulary Words」というセクションによると、この本では以下のような単語がそのレベルに即して学べるそうです。

flyswatters、freights、hoofbeat、ruing、dusks、jukeboxes、cabdrivers、millenniums、hazes、glooms

自分の Lexile Measure

本に対応する Lexile Measure を測る術は、運営元である MetaMetrics によっては提供されていません[※1]。しかしながら、提携している英語力の査定団体が、それらの語学検定の結果から Lexile Measure を提供してくれるようです[※2]。また、Toeful Junior では Lexile Measure から分野指定で本の検索ができるようになっています[※3]。

🔊 ニュース、ドラマを字幕付きで見る

ニュースやドラマなどで英語の字幕付きで配信されているものは、日本語ではなく英語の字幕で見ることをおすすめします。字幕付きで読むと、発音と対応するスペルを同時に吸収することになるため、リスニングが上達します。リスニングは特定の速度を保って行わないといけないため、脳が英語の語順に慣れていきます。そうすると、今度はリーディングの速さが向上します。YouTube では字幕を表示したりスロー再生したりすることができて便利です。

※1　https://lexile.com/about-lexile/how-to-get-lexile-measures/
※2　https://metametricsinc.com/products/international-assessments/
※3　http://toefljunior.lexile.com/ja/

第4章

英語でアウトプットしてみよう

この章で学べること

- インプット系のスキルだけを訓練してもアウトプット系のスキルは上達しない。アウトプット系のスキルも練習しよう
- 聞き取りや発音の矯正にはシャドーイングやディクテーションが有効
- 子音・母音の発音よりも、実は文中の音程（＝アクセント）を正しく発話すると通じやすくなる
- 開発でよく使う英単語・表現

4-1 書くそれとも話す？

　英語には読む・聞く・書く・話すそれぞれのスキルがあって、それぞれのスキルは同じレベルの他のスキルが前提になっています。前提スキルはあるスキルの上達を手助けしますが、あるスキルはそれ自身を練習しないと上達しないという関係性になっています。義務教育英語はインプット系のスキルに重点が置いてありましたが、インプット系のスキルをすごく上達させてもアウトプット系のスキルは上達しませんので、これらを区別しましょう。大人になってからの英語学習は思い切ってアウトプット系のスキルに重点を置いてみるのも大事です。

　アウトプットの種類は1つでも複数でもよいですが、目的を達成したときの像を明確に設定しておくことをおすすめします。目的を持つことで具体的に何を練習するか決めやすくなります。たとえば「英語が話せるようになりたい」とか「英語でライティングできるようになりたい」というレイヤーよりは「外国人の友達が遊びに来たときにいろいろな質問に答えられるようになりたい」とか「GitHubで海外のエンジニアとのやり取りを円滑にしたい」という具体的な像を持ったほうがよいです。無理に目的を設置する必要はありません。何か英語学習を始めようと思ったときの強い動機付けになった事件がもしもあるようでしたら、それが目的になり得るでしょう。

　また、特に日本国内で学習を継続するためにはその気持ちを絶やさないように、自分の語学力がまだまだであると思い知らされる環境を意図的に作るように努力し続けることをおすすめします。

　まずは、自分の設定した目的によって主たるアウトプットを選ぶのが良いでしょう。もちろん、書くことによって話すことの上達を手助けしたり、逆に話すことが書くスピードを上げてくれたりすることもあり得ます。ここではそれぞれの特性についてお話します。

🔊 ライティングは DSL のようなもの

　散文を書くのであれば特に難しいことはありません。しかし、書くという行為は成果物として残すことが目的の1つになっていて、特定のフォーマットで書かれていることが多く、正しくやっていくと難しいものです。たとえば、ビジネスメールであれば挨拶と本文のフォーマットや敬語表現に則って書く必要があります。エッセイや論文などは、段落ごとに論理的な展開を付けて説明的にし、説得力を出すべきでしょう。Git のコミットメッセージや spec の説明文は文法的な正しさよりも端的に何をしているのか読者に伝えるのが目的のフォーマットになっています。そういう意味でライティングは DSL（Domain-Specific Language）のようなものと言えます。あなたの英語学習の目的がそのようなものである場合、それ用の特定のスキル習得に一定のコストを払う必要があることに注意してください。逆に自由に書く練習をしたい場合は、たとえばブログなどの散文形式で書いてよい媒体を選びましょう。

🔊 人と話す

　「話す」は総合的な前提スキルが必要になります。ただし、説明に失敗したり特定の意味を一言で表せなかったりしても、それをその場ですぐ別の説明で補うことができます。「書く」との違いは、音に関するスキルが備わっている必要があることです。中には発音の練習をあまりしていないために、聞き取れるけど話せないという人もいるそうですが、おおむね伝えるための文法や語彙のスキルが問題になってきます。

　人と英語で話せる環境にある方は、まずはいっぱい話すことをおすすめします。存分に話す時間があるのに上達を感じづらい場合は、一度立ち止まって前提スキルを伸ばすようにしましょう。

　話す時間があまりないという方の場合は、英会話のソーシャルグループに出向いたり、オンライン英会話を使ってみても良いと思います。

　生活習慣を変えづらいという方は、お休みを取ってでも2週間程度で構いませんので留学してみることをおすすめします。一度留学すると四六時中英語に囲まれますので、自分が何ができないか目の当たりにすることになります。その気付きが帰ってからの学習方法に非常に影響します。また、言語にまつわること以外

の体験が大事だったりします。たとえば、「他国から来た語学学校の生徒は文法も発音もままならないのに、なぜこんなに自信を持ってディスカッションで発言するんだろう？　単語しか合ってないじゃないか」とか、「他国の生徒はなんでこんなに当たり前の意見を堂々と話すんだろう？　おや、でも自分は自分の意見が全然表明できていない。自分の意見がニュートラルだとしても自分の意見を表明するのが大事なんだ」といったものです。それ以外にも、生活の中で受ける類の発見やカルチャーショックが帰国後の語学学習に及ぼす影響はとても大きいのです。

> **Column　読み書きはできるが話せない**
> **〜各スキルは相互に関係している**
>
> 　私の場合は経験上、英語を聞くスピードが上がったときに、英文理解の瞬発力が付いて文を読む速度が同時に上がったことを実感しました。おそらく英語の語順に慣れたためではないかと思います。リーディング、ライティング、リスニング、スピーキングそれぞれのスキルは相互に関係しています。「読む→書く」もしくは「読む→話す」のように、何かインプットがあればそれをアウトプットしていくのが語彙やコロケーションを記憶に定着させていくのに良い方法でしょう。
>
>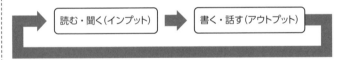
>
> 図4-1　各スキルの関係
>
> 　基本的に読む・書く・聞く・話すのどれかに課題がある場合、あるいはどれかを個別に伸ばしたい場合は、それを個別に練習する必要があります。たとえば話すスキルを伸ばしたい場合は人と話さなければうまくなりません。しかしながら一方で、それぞれのスキルが密に関係していますので、前提となるスキルを超えて、伸ばしたいスキルが上達することはありません。ですから、自分のスキルをレーダーチャートにまとめたときに相対的に低いスキルに注力したほうが良い効果が出やすいと言えるでしょう。他の人と比較して苦手なスキルに集中して学習するよりはこのような戦略をとったほうが良いわけです。
>
> 　たとえば聞くスキルは文法的知識、語彙やコロケーションの知識が豊富にあるこ

とが前提になります。人間の脳は話者の発話を統計的に予測したり補完します[※1]。そのため、発音の抜け落ちや省略があっても文法的・コロケーション的知識から文を補完し意味を理解することができます。日本語では文脈による省略が頻繁に起こりますが、それに対し、英語の省略は発音に起こりやすいです。重要性の低い代名詞や前置詞をいい加減に発音したり、決まりきった発音のドロップ (There's、should've、Where're、Didn't、I'd、Poppin' Dance、B'n'B) などが起きます[※2]。話者の側にはそういう事情がありますが、他方、聞く側は一単語ずつ聞き取るのではなくコロケーションや単語連鎖 (Lexical Bundles：do you want me to、nothing to do with といった文法的な塊ではない頻出する単語の連なり) の単位で文を分割して認識します。何千とある単語の選択肢から音だけを頼りに文を特定するのはほぼ不可能なので、文を聞く過程でコンテキストに応じて統計的に次に来る単語の可能性を狭めていきます。選択肢の中に当てはまるものがなければリスニングが失敗する可能性が高いです。ですから、がむしゃらに正確に音を聞き取ることに取り組むよりも、語彙やコロケーション、単語連鎖を覚えていくほうが聞き取りの成功率が高まると考えられます。

「話す」スキルはさらに総合的で、相手の話を正確に把握するための「聞く」スキルがあることが大前提になります。それから「話す」際には意味が通じるための語彙力や発音・文法のスキルが必要です。ですからうまく「話せる」ようになるには同レベルの前提スキルを有している必要があります。「ただ CD を聞くだけで話せるようになる」ということは、特別な事情がなければ文面どおりには成立しないと思われます。間違いに対する気付きが発生しない環境で言語習得をするのは難しいのではないでしょうか？

[※1] 私が以前サンフランシスコにショートステイしたときに、滞在中にお世話になった方々に「皆親切」で嬉しかったと言うために「kind people」と表したところ、アメリカ人の友人に「kind of people」と、of で脳内で自動補完してしまったと指摘されたことがありました。

[※2] ただし、自分に聞こえているように発音の省略をするのは間違いのもとなので気をつけましょう。日本でもお店などで「あーましたー (ありがとうございました)」という外国人の発音を聞くことがありますね。日本語のネイティブスピーカーが発音する場合、気持ちのうえでは「あ (りがとうござい) ましたー」と発音しているつもりで、その気持は「りがとうござい」の部分を口内で舌を動かす動作、そして発音に反映されます。つまり周りの母音に影響を与えます。それを単に「あーましたー」と発音してしまうと違和感のある発音になってしまいます。日本人が英語を発音するときにも同じことが起きている可能性があります。

第4章　英語でアウトプットしてみよう

【前提となるスキル】
- 読む
  - 文法：文章の文法を理解している
- 書く
  - 文法：文章の文法を理解している
  - 語彙：時間をかければ正しい単語を選べる
- 聞く
  - 文法：話者の文の文法を理解している
  - 語彙：話者が話す単語を辞書を引かずに理解できる
  - 発音：正しい発音を覚えていて話者の発音を理解できる
- 話す
  - 前提：「聞く」ができている
  - 文法：伝えたいことを正確に伝えるための文法を理解している
  - 語彙：辞書を引かずに伝えたい単語を思い出せる
  - 発音：相手に伝わる発音で喋れる

4-2 アウトプットを実践してみよう

🔊 シャドーイングやディクテーションを行う

　ディクテーションとは、映画などをリスニングしながら話されている内容を書き下ろしたのち、それが合っているか英語字幕と照らし合わせて確認することです。よく間違えやすい発音（SとSH、JとZ、LとR、FとTHなど）を見つけることで自分の耳を鍛えることができます。

　シャドーイングは、登場人物の発音を真似することです。それぞれの単語の発音だけではなく単語同士のつながり、文中のイントネーションなど口語英語独特な音階やリズムを一緒に身につけることができます。ディクテーションでスペルの間違い、すなわち発音の認識の間違いを知り、シャドーイングで自分の発音を矯正するようにしましょう。それらを実践するには、以下の書籍がおすすめです。

- 確実に英語力が上がるシャドーイング＆ディクテーション
  （浅野恵子 著、DHC 刊、2004 年）

　既に廃盤になってしまっていますが、単音の発音が前後の音でどう変わるか、単語の発音が前後の単語の音でどう変わるかについて解説してある数少ない本の1つです。文中のある単語の発音を単品で発音するときと同じように発音することは稀で、ほとんどいつも前後の単語の発音に影響を受けます。これをリンキングと言います。単音の発音を発音記号と口の断面図を使って説明している本は数多く出版されています。発音の基礎ができていることは大事だと思いますが、それ以上にこのリンキングができていることが聞き取りや相手に伝わる発音に大きな効果をもたらします。もちろんこれは選択と集中の問題ですので、リンキングを先にやって、会話中にうまくできない音があったりしたらいつでも舞い戻って単音の発音を練習すればよいでしょう。

　発音の本を選ぶ際にはリンキングを網羅している本を選ぶことをおすすめします。細かいことは専門の本に任せるとして、かんたんにリンキングの例をあげます。

リンキングの例

- **This is what I get for loving you.**

    子音と母音がつながるため「This-is what-I get for loving you.」のように発音します。

- **Have you been there?**

    been の n の発音の舌が開放されないまま there の th の発音をするので「been-air（ビーネア）」のように発音します。

- **I didn't know that.**

    didn't の 2 つ目の d は鼻から空気を抜いて「ディンント」のように発音します。

- **I should have done that.**

    「should have」は「should've」と発音します。全体を通して「アイ シュドゥブ ダンナット」のように発音します。

- **There are tunnels where we live.**

    「there are」は「there're」とつなげて表記したり、つなげてなくても「ゼアラ」のように発音します。

これらは「いつも必ずそう発音する」というわけではありません。国や人によって省略して楽に発音したり、同じ人でも気分で発音が違ったりします。どんどん活用して楽に発音しましょう。

🔊 アクセントに気をつける

日本語を話す外国人の友達はいらっしゃいますか？　外国人の友達の発音で、特にアクセントが間違っているために他の単語と誤認識した経験はありませんか？　経験則的にですが、私の場合は「単語の選定を間違っている」「アクセントを間違っている」「母音を間違っている」「子音を間違っている」の順番で外国

人の日本語の意味がわかりませんでした。子音や母音に関しては、相手がうまく発音できないというのを知っているので、間違っているからといってあまり何を言っているかわからないということはありません。ですから個別の音がうまく発音できないからといって、それを直すことに留まって膨大な時間を使う必要はないと思います。後々、通じにくくなる原因を1つひとつ潰していくことをおすすめします。

ここでは、日本開発現場で開発に際しての会話でよく間違えられる発音や、間違ったまま定着してしまった発音を紹介しましょう。発音に気を取られすぎる必要はありませんが、完全に間違った別の単語のような発音が定着してしまっているのには少々違和感がありますので、少なくとも間違いがあることを知っておきましょう。また、発音を正しく知ることによってカンファレンスで他のエンジニアと話すことができたり、無料の講義ビデオなどを理解することができるようになります。

- **null (/nʌl/)：×ヌル、◯ナル**
  uだけの単語は明るいアの発音をします。

- **warning (/ˈwɔː.nɪŋ/)：×ワーニング、◯ウォーニン**
  前後の子音（wやrの）影響を受け、アの音がオに近い音に変化します。

- **allow (/əˈlaʊ/)：×アロウ、◯アラウ**
  owで終わる単語でアウと発音することが多いです。allowもそのうちの1つです。他にはcow、pow、how、now、wowなどがあります。

- **width (/wɪtθ/ /wɪdθ/)：×ウィドス、◯ウィッズ**
  with (/wɪð/) の音と比べてwの子音の後に多少跳ねたような感じでウィッと発音した後、tsとthの音を同時に鳴らすような感覚で発音します（と言っても伝わらないと思うので音声を聞いて練習してください）。

- **height (/haɪt/)：×ヘイト、◯ハイト**
  ヘイトと発音するとhight（命令する）、もしくはhate（嫌う）に聞こえる

ので気をつけましょう。

- **alt (/ɑːlt/)**：×アルト、◯オールト

    al という組み合わせはオールと発音することが多いです。他には alright、also、always、alternative などがあります。

- **pagination (/ˌpædʒ.ɪˈneɪ.ʃən/)**：×ページネイション、◯パジネイション

    page がペイジでも pagination はそのスペルのせいでパジネイションと発音されます。paginate → pagination という語尾変換の規則性が発音よりも優先されます。英語ではある語が語尾変化した場合にはもとの発音が保持されるわけではありません。新しいスペルに沿った発音がされます。

- **launch (/lɔːntʃ/)**：×ラウンチ、◯ローンチ

    au というスペルはほとんどの場合オーと発音します。他には default、auto、haunted、cause などがあります。

- **_**：×アンダーバー、◯アンダースコア

    アンダーバーやアンダーラインでも通じますがアンダースコアが一般的な呼称です。

- **-**：×ハイフン、◯ダッシュ

    ハイフンとダッシュとマイナスは別物です。
    - ハイフン：表記はダッシュとマイナスと比べて短い。2つの単語をつないで1つの単語を表すためのもの
      例. two-way synchronization
    - ダッシュ：時間や重さなどの数量の範囲を表したり、文を分けたりするもの
    - マイナス：数学の引き算に使う演算子

- **#**：×シャープ、◯ハッシュ

    シャープは音楽の記法に限定されて使われる呼称です。C# も音符を語源

としています。それ以外の場面では一般的にハッシュと呼ばれます。

- **MySQL**：×マイエスキューエル、○マイスクル

 もともとマイエスキューエルと呼ばれていましたが、後々マイスクルという呼称が定着しました。マイエスキューエルも間違いではありませんが今ではあまり使われない呼称です。

🔊 ブログを書いてみる

 毎日ちょっとずつ思ったことをブログに書くのは語彙の長期記憶定着に有効です。伝えたいと思った意味から単語を思い出す必要があるので、単語帳による学習と違い、古い記憶から単語を引き出す必要があるからです。思い出せなくて悔しい思いをすることが記憶定着の手助けをしてくれます。技術用語を覚えるために技術ブログを英語で書いてみても良いと思いますが、1人ぼっちのブログになってしまわないためにも、伝えたい対象に正しく伝えたいことを伝えられるようになっていたほうが良いです。

 Lang-8は、自分が勉強中の言語でブログを書くことができ、その言語のネイティブスピーカーが添削してくれるサービスです。ただ書くだけではなく、間違えを正してもらえますので、コロケーションや正しい単語の選定を定着させていくことができます。継続的に添削してもらうと、自分の表現の癖や頻繁に間違える文法を見つけて正していけるのでおすすめです。

- Lang-8
 http://lang-8.com/

🔊 Twitterでつぶやいてみる

 ブログと同様、覚えた時期にかかわらず記憶の引き出しから伝えたいことドリブンで単語を引き出す、ということを並行して行うことは、記憶定着に良いです。英語圏の人にリプライしてコミュニケーションするのも良いかもしれません。

4-3 開発でよく使う英単語・表現

　本節には、アウトプットする際に便利な頻出単語をまとめてみました。反意語や類似語も一緒に覚えてしまいましょう。

🔊 プログラミング用語

単語	説明
attribute、property	実世界においては attribute は属性、property は所有物を意味する。attribute はより自身の特性に近いニュアンスを持つが、コンピュータ・プログラミングの文脈においては等価。たとえば HTML の属性を key／value のペアで表すものを attribute と称する。それらを JavaScript で操作するときは DOM の Object の property として表現される
prefix ⇔ suffix	接頭語 ⇔ 接尾後
leading ⇔ trailing	先導する ⇔ 後に続く
usage、use case、use	usage は使用方法、use case は利用事例、use は利用(法)
prerequisite	前提条件。ライブラリをインストールするための利用環境の条件などに使われる
tell、ask	OOP の原則名「Tell, Don't Ask」が有名。実生活では「Ask me. Don't tell me!（聞いてよ。命令するんじゃなくて）」というフレーズがよく使われる。「Tell, Don't Ask」はその逆と考えるとわかりやすい。命令をさせて聞く手間を省くことで、手続きを簡略化する原則であると理解できる
greater than ⇔ less than	〜より大きい ⇔ 〜より小さい
greater than or equal to ⇔ less than or equal to	〜以上 ⇔ 〜以下
output、print	output は外部に出力することで、print は焼き付けることが語源になっている
output、export	export は輸出するという意味。そこから他のアプリケーションでも解釈できる形態に変換してから出力するという意味になっている
PoC、Proof Of Concept	概念実証。プログラミングの文脈では新たな概念や、脆弱性を実証する実装を指す

単語	説明
monolithic	一枚岩の
switch、toggle	switchは2つのものを切り替えるもの。toggleは2つ以上のものから1つだけを有効にするもの。toggleは先の尖った木の釘（留木）が語源で、そこからダッフルコートの木のボタンなどを指す

🔊 セキュリティ

単語	説明
token	しるし、商品券
audit trail	監査ログ。データベースやウェブサービスなどが残す時系列の処理を記録したもの
certificate	証明書
credential	信用証明書。トークン、証明書、パスワードなどの信用を構成するものに必要なもの、またはその合成物

🔊 キュー

単語	説明
enqueue ⇔ dequeue	キューに並ぶ ⇔ キューから抜ける
flush、clear	どちらもキューを空にするという意味。flushはトイレを流すという意味
preceding ⇔ following	先行する ⇔ 後続する

🔊 データベース、データ分析

単語	説明
make、build、create、generate、produce	make は作り上げる、でっち上げるの意味。build は積み立てて作る。create は無から何かを作ること、もしくは創造性から何かを作ること。generate は何かを特定のプロセスによって存在する状態に至らせる、何か特定の状況に影響するという意味。produce は生産するという意味がより強く、映画・音楽アルバムなどを公表できる状態にすることにも使われる
select against [table, database, view]	クエリではなく自然言語では against を用いることが多い
save、store、keep	save は特定の機会が来るまで保存しておくこと、store は特定の場所に保護しておくこと、keep は自分の近くにそのままの状態で保持しておくこと
cohort、subset	cohort は特定の集団。subset は特定の集団の小集団
summary、subtotal、total	summary はちょっとした足し上げなどの演算の結果。subtotal は小計。total は総合計

🔊 UI、デザイン

単語	意味
visible ⇔ invisible	見える ⇔ 見えない
caption	小見出しのこと。Button caption と言った場合はボタンの上に表示する文言を指す
offset	埋め合わせ値。相殺値
top page、home page	ページ遷移の最上位にあるという意味の top page は誤用。正しくは home page。ページの最上部は at the top of the page と言う
expand tree ⇔ collapse tree	ツリーを展開する ⇔ ツリーを畳み込む
radius、diameter	radius は半径。diameter は直径
dimension	寸法。次元数
side	(図形の) 辺
triangle、quadrangle(square)、pentagon、hexagon、heptagon、octagon、nonagon、decagon	三角形、四角形、五角形、六角形、七角形、八角形、九角形、十角形
sphere、semisphere	球、半球
crescent	三日月

4-3 開発でよく使う英単語・表現

単語	意味
diamond	ひし形
cylinder	円柱
oval、ellipse	両者とも楕円形という意味
circular sector、pie	両者とも扇形という意味
parallel lines	平行線
vertical、horizontal	vertical は垂直な。horizontal は水平な
diagonal	対角線
card ui、masonry layout	単一のカードが全画面表示される UI、もしくは同じ高さのカードが並ぶレイアウトがカード UI。高さがバラバラの石組みが並ぶ Pinterest のようなレイアウトを石組みレイアウト（masonry layout）と呼ぶ
drill down、accordion ui	上位→下位カテゴリを掘るように選択してゆく UI を drill down という。accordion UI はタップすると下位カテゴリが開いて表示されるような UI
drop down	ドロップダウン
stepper	設定を複数ステップで行う UI
Material Design、Flat Design	Material Design は物質デザインと言う意味。実世界の質量や陰影などを取り入れることで直感的にデザインできるようにするというデザイン思想。それに対し Flat Design は表示デバイスの多様化を背景に、異なるデバイス間で同じ印象を与える表示ができることを目的とした過度な陰影や模造的デザインを排除するデザイン思想
glyph	象形文字のこと。モバイルデバイスの UI では文字情報の表示領域を確保するのが難しいことを背景に多用されている
breadcrumb	パンくず。デザインの文脈ではパンくずリスト
pagination、paginator	ページングを実施することを pagination と言う。読み方はパジネイション。paginator はページングを行う UI コンポーネントのこと。読み方はパジネイター
typography	typography はもともとは活版印刷術という意味。現代においては伝えたい内容に適当なフォントフェイス、サイズ、太さなどを選択して活字に訴求力を持たせること
viewport	表示領域
padding、margin	pad は詰め物。padding はあるエリアに詰め合わせるもの。それに対し margin はあるエリアの外側にある余白のこと

🔊 その他のよく登場する言葉

単語	説明
configure	設定する
activate ⇔ deactivate	活性化する ⇔ 非活性化する
active ⇔ inactive	活動している ⇔ 活動していない
update、upgrade	update は情報などを最新のものにするイメージ。upgrade は grade（等級）を up するイメージから一段階上げるというニュアンス。そこからソフトウェアをメジャーバージョンアップするときによく使われる。たとえば Debian Project のパッケージ管理ツールである apt-get には update と upgrade というサブコマンドがありそれぞれに以下のような違いがある
	apt-get update：利用可能なパッケージとバージョンを最新版に更新すること。具体的には /etc/apt/sources.list を更新すること
	apt-get upgrade：/etc/apt/sources.list にリストされているパッケージを最新版で刷新すること
limit、threshold	limit はたくさんの中から制限をするときに用いる。threshold は変動する値がある値（閾値）まで達したときにだけ特定の動作をさせたいときに用いる
within、in	within は範囲や時間の文脈で使用するときは日本語の「〜の中」、「〜以内に」という意味により近い。in は時間の文脈では「〜（時間・日）後」という意味で、物理的には大きな空間の中にいることを指す
note、memo	note は日本語で言うところのメモ。take a note でメモを取るという意味。memo は連絡するためのものなので必ず人に渡す。「Didn't you get the memo?」は、話が伝わってないの？→常識でしょ？という意味
equal to、equivalent to	equal to は全く等しいという意味（例：I expect -1 times -1 to equal to 1.）。equivalent to は 2 つのもののうち、1 つを変換したときに、残りの 1 つと同質・等価であるという意味（例：A pound is equivalent to 150 yen.）
candidate	採用試験の候補者にも使えるし、release candidate のように物、事象にも使える
propotional	比例するという意味
rear camera ⇔ front／face camera	後方カメラ ⇔ 前方／顔カメラ

Column イギリス英語のご紹介

　世界標準語という言葉は、北米の英語を平均化したものを指すように思いますが、英語と一口に言っても世界にはさまざまな英語があります。たとえば、南アフリカの白人や、カリビアンの英語は一部を現地の単語と置き換えて話すので、もはや我々にはよくわかりません。

　英語の中でも世界の英語を大きく二分するのがイギリス英語とアメリカ英語です。イギリス英語はかつてイギリス連邦にあったり支配下にあった国と地域で話されている英語です。香港、インド、アフリカ各国、オーストラリア、ニュージーランドなどがこれに当たります。それに対して早くから分離独立した中・北米各国はアメリカ英語を話します。

　ここでは、日本人にはなじみの薄いイギリス英語を紹介していきましょう。

文法

　時制に関しての文法が微妙に違います。たとえば「ライターを持っていますか？」はイギリス英語では「Have you got a lighter?」と言います。got はイギリス英語では get の過去分詞です。「Do you have a lighter?」でも通じますが、より丁寧な表現です。

　またアメリカ英語では「I think I dropped my wallet. Did you see it anywhere?」といいますが、イギリス英語では完了形を過去形とは明確に区別するので「I think I dropped my wallet. Have you seen it anywhere?」と言います。

　また、前置詞や副詞の違い、very や quite を区別する・しないなどの微妙なニュアンスの違いなど、大小さまざまな違いがあります。

発音

　アメリカの独立後、イギリス英語では語尾の r を発音しなくなりました。これを non-rhotic accents と言います。「Have you got a lighter?」は「フヴユー　ゴッタ　ライタ」もしくは「フヴユー　ゴッア　ライア」というような発音をします。lighter の語尾の er は舌だけ r の形はするもののほぼ発音しません。t もフォーマルな場では発音することが多いですが、労働者階級はだいたいいつも、中流階級でもカジュアルな場では鼻で発音します。先述の didn't の 2 つ目の d と同じような発音

です。

　アメリカ英語の Yes/No question では、音程が文全体を通して波打ちながら上がっていきます。イギリス英語ではほぼ音程が一定のまま最後の語だけ語尾が上がります。ポッシュ（上流階級的）な発音では文頭の動詞の音程を上げてゆっくり発音する場合があります。

　また i の発音も特徴的で、£9.99 は「ノァイン　ノァインティ　ノァイン　パウンズ」という感じで発音します。「Are you sure?」の u の音はウとオの中間くらいの音です。シュワー（あいまい母音）にも特徴があって、birds の ir は喉の奥で音を鳴らすように発音します。

　H は近年アイリッシュ由来の「ヘイチ」と読む人が増えています。「Why do you read H haitch?」とイギリス人に聞いたら「Because it's haitch!」と言われたことがありますが、よく考えてみると haitch の h を発音しないのも変ですね。

単語・スペル・読み

　たとえば「Where's the toilet?」と言われるとアメリカ人は便器を思い浮かべますが、イギリスでは日本語のトイレを思い浮かべます。また、「Do you ever wear pants?」と聞かれると、アメリカ人はズボンを思い浮かべますが、イギリス人は下着のパンツを思い浮かべます。

　スペルにも違いがあり center はイギリス英語では centre。initialize は initialise と書きます。behavior と color はそれぞれ、behaviour、clour です。

　英語にはフランス語由来の単語が 3 割ほどあり、古い発音が残っているものもあります。schedule はイギリス英語では「セジューゥ」のように発音します。

方言

　The United Kingdom（王国連合）の国土であるグレイトブリテン島及び北アイルランドには 4 つの王国と地域がありました。そのため狭い国土にさまざまな方言が密集しています。労働者階級が多く住んでいた東ロンドンのハックニーにもコックニーという方言があります。文中の単語を、韻を踏んでいる別の語に置き換えたりするので、ほとんど彼ら以外には何を言っているかわかりません。h や t を発音しなかったり、th を f や d に近い音で発音します。Hello は「エロー」です。Twitter は「トゥウィア」です。いかに、階級ごとの人的交流が少なかったかがわか

ります。

　イングランド北部でビートルズの出身地として有名なリバプールは、kの発音がドイツ語のtechnikのchのような発音をします。あの馬のいななきのようなあれです。ooはオと発音しますので、bookは「ボギヒ」のように発音します。同じく北部にあるマンチェスターも明るいアの音がオに近い音になります。マンチェスター出身の同僚に「ユー　ウァー　オンロキー」と言われて、「You were unlucky」と言われたと気付くまで4回くらい聞き直したことがあります。イングランドで一番なまりが強いのはおそらくニューカッスルで、私のロンドン出身の同僚が転勤で住んでいた頃「公園のベンチで隣に座っていたおじさんがニュースペーパーを指差しながら話しかけてきたけど全く何を言っているかわからなかった」と言っていました。

　イングランドを出てスコットランドやウェールズ、アイルランドに行くと、イングランドに併合されたのがそんなに昔ではなかったりするので、ケルト系の発音が残っていたりします。ウェールズでは公用語にカムラーイグというケルト系の言語が今も英語と併用されており、全人口の20%の人が話せます。カムラーイグを第一言語として話す人もまだいて、老人や小さい子供には英語が話せない人もいるそうです。

Snobbish VS Arrogant

　日本に一時帰国後、アメリカ合衆国に寄ってからイギリスに来たことがありました。その際アメリカ人の友達がBrits are snobs.といっていて、イギリスに着いたら語学学校の先生がAmericans are arrogant.と言っていたなんていうことがあります。両者の関係をよく言語的に言い表している感じがします。映画などのメディアが流入するようになってこのような違いは徐々に少なくなるようになりました。世界の英語は時間をかけて徐々に統合されていくのかもしれません。ちなみに私はアメリカ英語が苦手で、映画などの聞き取りには今も大変苦労します。

　プログラミングにおいてはコメントにイギリス英語が現れることはあっても、コード中の英語はアメリカ英語が標準になっているので、イギリス英語のスペルが現れることはほぼありません。ライブラリ等でイギリス英語を見かけないのはこのためです。

第5章

OSSに参加しよう

この章で学べること

- 英語でインターネット検索するときのコツ
- エラーメッセージの紐解き方。なぜ、エラーメッセージが伝える手がかりに気付きづらいのか
- GitHubでの不具合の報告の仕方
- Gitのコミットメッセージの書き方
- コードレビューの仕方・マナー
- 自分の作ったプログラムを宣伝する方法

5-1 開発時の課題に直面したら？

🔊 英語で検索する

開発をしているときに疑問点や問題点に遭遇することは多々ありますよね。日本語の情報が古かったり、情報が丸められていたりして必要な情報が見つからなかったりする場合があるので、英語の一次情報を検索できるようになりたいものです。

しかし、いきなり英語の一次情報に当たれと言われても、そもそもどうやって探したらよいかもわからないという場合は以下の表をご覧ください。ここでは特によく使うものをかんたんにまとめましたが、こういう検索に使用する語彙習得も、基本的には一般英語の語彙を地道に増やしていくのが近道です。左側が自然言語、右側に行くに連れて短縮して書かれています。短縮形を使う理由は単に文章をタイプするのが面倒だからです。肌感では、検索結果が少ないときに限っては自然言語で検索したほうが良い検索結果を取得できる感じがします。

表5-1 検索英文例

例文	意味
what does EXIF stand for / acronym EXIF	〜は何の略？
what does DSP mean in advertising / meaning DSP in advertising	〜は何という意味？
what is Amazon Kinesis	〜は何？（〜とは）
pros and cons of AWS Lambda / advantage and disadvantage of AWS Lambda	〜の利点は何？
what is AWS Lambda good for / why use AWS Lambda	〜は何に使うと良いの？
how to convert UTC to local time in swift / swift converting UTC to local time	〜はどうやってするの？
how does Kubernetes work / architecture Kubernetes	〜の仕組みはどうなっているの？
tutorial Kubernets / introduction Kubernets	〜のかんたんな導入

例文	意味
where is configuration file of Nginx / where can I find configuration file of Nginx / location config Nginx	〜はどこ？
comparison between Kinesis and Kafka / Kinesis vs Kafka	〜と〜の比較
Fluentd alternatives	〜の代替を教えて
named virtual host in Nginx not working	〜が動かない
Time#to_i gives wrong value in Ruby / Ruby Time#to_i unexpected value	〜が期待した値を返さない
workaround Time#to_i gives wrong value in Ruby / workaround Ruby Time#to_i unexpected value	〜が期待した値を返さない場合の回避策

🔊 ライブラリのエラーに対処する

サービス開発をしている最中にビジネス要件のロジックにだけ集中できればそれに越したことはないのですが、ときにはオープンソースライブラリの不具合に遭遇することがあります。こうした本来進めたい作業に対する足止め・中断の類になるべく早く対処できるかどうかが、エンジニアのパフォーマンスに大きく関わってきます。ここでは予期せぬエラーに遭遇してから回避策を見つけて不具合報告をするまでの一連の作業を模擬的に行ってみましょう。

開発中に不具合に遭遇した

Rails5.2から導入されたActiveStorageを使ってユーザのアバター画像を保存するコントローラを作成したとします。ActiveStorageはAmazon S3、Google Cloud Storage、Microsoft Azure Storageのようなストレージサービスへのファイルのアップロードをかんたんにするサービスオブジェクトです。まずはコードをご覧ください。

user.rb

```ruby
# ユーザのモデルクラス
class User < ApplicationRecord
    # User modelにアバターの画像を添付出来るようにします
    # has_one_attachedはActiveStorageのメソッドです
    has_one_attached :avatar
end
```

第5章　OSSに参加しよう

users_controller.rb

```ruby
# ユーザのコントローラ
class UsersController < ApplicationController
    def update
        if params[:user][:avatar].present?
            # フォームからポストされた画像バイナリを保存する
            attachment = @user.avatar.attach(params[:user][:avatar])

            # 表示用のアバターを生成する
            # 使用可能なオプションはこちらを参照してください
            # https://www.imagemagick.org/script/mogrify.php
            # https://github.com/rails/rails/blob/master/activestorage/app/models/active_storage/variation.rb#L11
            @variant = attachment.variant(
                thumbnail: "100x100>",
                background: :white,
                gravity: :center,
                extent: "100x100"
            ).processed

            # => Errno::ENAMETOOLONG: File name too long @ rb_sysopen - /home/myname/Work/repos/github/project/storage/va/ri/variants/XYnB7EN9Yq6agpMwzmQQJ8HP/eyJfcmFpbHMiOnsibWVzc2FnZSI6IkJBaDdDVG9PZEdoMWJXSnVZV2xzU1NJTk1UQXdlREV3TUQ0R09nWkZWRG9QWW1GamEyZHliM1Z1WkRvRS2QyaHBkR1U2REdkeVlYWnBkBkSGs2QzJObGJuUmx jam9MWlhoMFpXNTBTU01lNTVRBd2VERXdNQVk3QmxRPSIsImV4cCI6bnVsbCwicHVyIjoidmFyaWFuWF0aW9uIn19--b8a505ddd21c7236e0f88d343c26ae1d17bcfbd5
        end
    end
end
```

UsersController#update ではフォームからポストされたオリジナル画像をもとに variant を生成します。variant とはオリジナルに対しての別バージョンという意味です。users_controller.rb では variant を保存しようとしているところで Errno::ENAMETOOLONG というエラーが出て失敗しています。

エラーの原因を探る

エラーが発生しているのは attachment.variant(.. 略 ..).processed をコールしている箇所です。processed は加工済みのファイルがあればそれを返し、なければオリジナル画像を加工しストレージに生成したファイル保存します。上記コードでは表示用のバージョンのアバターはまだ保存されていないので、ストレージ

に保存しようとしていますが失敗しています。Errno::ENAMETOOLONG: File name too long @ rb_sysopen というメッセージからおおよそファイル名が長過ぎることは想像できると思います。

まずはErrno::ENAMETOOLONG: File name too long @ rb_sysopenでインターネット検索をしてみましょう。同じエラーはいろいろなライブラリで発生しているのがわかります。なぜならENAMETOOLONGはRubyがシステムコールを行った結果、カーネルから返ってきたエラーをそのままRuby上で例外として発生させているだけだからです。これではいくら検索結果を上から下にくまなく読んでも時間の無駄です。activestorage variant Errno::ENAMETOOLONG というキーワードを使って検索範囲を狭めてみましょう。もしも誰かが既に同様のエラーを報告していれば、それを発見できる可能性は高まります。

> **Column　エラーメッセージはドメイン固有言語のようなもの**
>
> 　言語という観点で考えると、エラーメッセージはドメイン固有言語的に書かれていることが多いです。エラーメッセージにはその事象を端的に伝えるという責務があります。また、それ自体が容量が大きくなってほしくない生ログであるという側面もありますから短く書かれています。エラーメッセージはいろいろな人に向けて書かれています。そのライブラリ、ツールの利用者に向けても書かれていますが、不具合報告を受けて不具合を特定・修正するその開発者に向けても書かれています。そのためこのような開発者ドメイン固有の書き方が必要になるのです。
>
> 　先のメッセージを見たときに、いまいちエラーの内容を完全に把握したつもりになれないのは、Errno::ENAMETOOLONG や @ rb_sysopen などが符号的だからでしょうか。このような符号的なメッセージがスタックトレースと一緒に大量に出力されていると、視界に入らなくなってしまう効果があるようです。まずはしっかりとエラーメッセージを読みましょう。
>
> 　Errno::ENAMETOOLONG はエラーの種類を表す Ruby の定数、@ rb_sysopen はエラー発生位置である Ruby の error.c に記載されたメソッド名を指します。ということは、このエラーは Ruby の実行時エラーであり、エラーメッセージ自体は一般的なものです。それがわかると、「遭遇したのは Ruby の実行時エラーだが、問題は Ruby にはなくて、ActiveStorage の Variant 生成側にファイル名を長くしてしまう

不具合がありそうだ」という当たりを付けることができます。

このように特定のツール・ライブラリに慣れ親しんでいないとエラーの事象を把握しづらいことを、英語力の問題と混同してしまい対処に苦労しがちです。エラーを早期解決するには、英語のエラーメッセージの意味を理解でき、遭遇したエラーがアプリケーションのどのレイヤーで起きていることなのかを特定できる必要があります。

🔊 GitHub 上で不具合を報告する

今までお話ししてきた例は Rails のリポジトリの「ActiveStorage variant raises Errno::ENAMETOOLONG #30662」という実際のバグリポートを引用したものです。Rails では報告者がバグリポートを書きやすいように、下記のようなテンプレートを用いています。

- ActiveStorage variant raises Errno::ENAMETOOLONG #30662
  https://github.com/rails/rails/issues/30662

```
### Steps to reproduce

(Guidelines for creating a bug report are [available here](http://guides.
rubyonrails.org/contributing_to_ruby_on_rails.html#creating-a-bug-report))

### Expected behavior
Tell us what should happen

### Actual behavior
Tell us what happens instead
```

https://github.com/rails/rails/issues/new

- Steps to reproduce：再現の仕方
- Expected behavior：期待した振舞い
- Actual behavior：実際の振舞い

GitHub 上のコミュニケーションは、報告者や報告を受けてくれる人によって、それぞれ別の国から非リアルタイムに行われます。そのため、ミスコミュニケーションを起こすとそれだけ解決に時間を要します。不具合報告をした別日に、「これでは不具合の原因を探る十分な情報が足りない。書き足してくれ」といった返事をもらうような事態を誰も歓迎しないですよね。このようにオンラインの非同期コミュニケーションでは正確性が非常に重要になっています。ただし、テンプレートに沿った書き方をしていないからといって、直すまでは不具合報告を受け付けないというような事態は GitHub ではまず見かけないので、ルール原理主義的になる必要はありません。

「ActiveStorage variant raises Errno::ENAMETOOLONG　#30662」の例では次のように不具合報告をしています。

```
### Steps to reproduce
storage.yml
```
  local:
    service: Disk
    root: <%= Rails.root.join("storage") %>
```

user.rb
```
  class User < ApplicationRecord
    has_one_attached :avatar
  end
  f = File.open(Rails.root.join("spec", "assets", "png.png"))
  u = User.first
  attachment = u.avatar.attach io: f, filename: "my avatar", content_type: "image/png"
  variant = attachment.variant thumbnail: "100x100>", background: :white, gravity: :center, extent: "100x100"
  variant.processed.service_url
  # => Errno::ENAMETOOLONG: File name too long @ rb_sysopen - /home/myname/Work/repos/github/project/storage/va/ri/variants/XYnB7EN9Yq6agpMwzmQQJ8HP/eyJfcmFpbHMiOnsibWVvc2FnZSI6IkJBaDdDVG9PZEdoMWJXSnVZV2xzU1NJTk1UQXdXdlREV3NTUQ0R09nWkZWRG9QWW1GamEyZHliM1Z1WkRvS2QyaHBkR1U2REdkeVlYWnBkSGdSMFzJ0bGJuUmxhm9MWlhoMFpXNTB
TU01NTVRBd2VERXdNQVk3Q1mxRPSIsImV4cCI6bnVsbCwicHVyIjoidmFyaWFudF9rZXkifX0=--b8a505dd
d21c7236e0f88d343c26ae1d17bcfbd5
    from (irb):17
```
```

```
### Expected behavior
no Errno::ENAMETOOLONG exception


### Actual behavior
Errno::ENAMETOOLONG exception is raised because the file name is too long


### System configuration
Rails version:
master (07bac9e)


### Ruby version:
2.3.5


### OS
Ubuntu 16.04
```

　この例では不具合を再現するために、先述のコードによく似たかんたんなコードスニペットを記載しています。また、以下のような失敗するテストも送っています。このように、不具合対応をしてくれる人と同じ視点で手を動かしてくれるのは、不具合対応者にとって、とても助けになりますね。

activestorage/test/models/variant_test.rb

```
+   test "padded out thumbnail variation" do
+     variant = @blob.variant(thumbnail: "100x100>", background: :white, extent: "100x100", gravity: :center).processed
+     assert_match(/racecar¥.jpg/, variant.service_url)
+
+     image = read_image(variant)
+     assert_equal 100, image.width
+     assert_equal 100, image.height
+   end
```

　このテストは失敗し、Errno::ENAMETOOLONG を発生させます。variant に渡すオプションが多いと、ファイルパスに使用する文字列が長くなってしまい、Errno::

ENAMETOOLONGが発生していました。最終的にファイルパスに使用する文字列をSHA256で生成することで固定長のファイルパスを生成する修正が行われ、解決に至りました。

　先述の通り、GitHub上ではさまざまな国の人が会話しますので平易な英文で書かれていることが多いです。こういった英語はInternational Englishといって、ネイティブスピーカーであってもあまりスラングや略語、比喩を使わないユニバーサルな表現をしてくれています。なので、臆することなくやっていればじきに慣れるでしょう。回答はすぐ得られることもありますし、ライブラリを修正してもらえるまで1か月以上待つこともあります。ですから、自分のアプリケーション側で一時的な回避の対処をしておいて、後々ライブラリ側に根本的な修正が入ったら自分のアプリケーションでもそれを取り入れるという順序にしておくのが良いと思います。自分のアプリケーションの開発の進行を止めないようにする工夫です。

5-2 Gitのコミットメッセージの書き方

　次は、不具合を修正する側の立場になってGitのコミットメッセージの書き方を見ていきましょう。

　まずはGitのコミットメッセージが何のために必要なのか確認していきます。普段からGitのコミットメッセージを書いている方は復習の意味で再確認しましょう。これから取り組もうという方は、履歴を残したいだけなのになんで細かいルールが必要なのかと訝しがるかもしれませんが、それは、Gitのコミットメッセージが理路整然としている恩恵を知るためです。

　コミットメッセージの用途は以下の通りです。

- 過去に遡ってどのような変更があったのかを把握する
- コードの変更に関するコンテキストを知る

　あるプロジェクトの開発が長く続くと、いろんな人が携わったり、自分自身も忘れたりして、コードを読んでも誰が何の目的でこのような変更をしたのかよくわからなくなることがあります。そのようなコード上には表れない、変更をしたときの判断などのコンテキストを記録しておく場所がコミットメッセージです。何が変更されたかはdiffを見ればわかるので、Add ClassNameのようなコミットメッセージは避け、「なぜ（どのような文脈で）・どのように（どのような対処法で）」変更したのかを記録します。

　たとえばこれはActiveStorage variant raises Errno::ENAMETOOLONG #30662への対処のコミットのメッセージです。

```
Replace variation key use with SHA256 of key to prevent long filenames

If a variant has a large set of options associated with it, the generated
filename will be too long, causing Errno::ENAMETOOLONG to be raised. This
change replaces those potentially long filenames with a much more compact
SHA256 hash. Fixes #30662.
```

タイトルを一読すれば、長いファイル名を防ぐために可変キーを SHA256 で生成したことが把握できます。長いファイル名がどのような悪影響を及ぼしていたために変更が必要だったのかというコンテキストは、3 行目から始まる本文を読めばだいたいわかります。variant の生成の際に渡されるオプションが多くなると、ファイル名が長くなってしまい Errno::ENAMETOOLONG が発生していたようです。

🔊 コミットメッセージのルール

コミットメッセージに関するルールは慣習がスタンダード化したものですが、おおむね以下のルールが共通しています。

1. タイトルを 1 行目に書き 2 行目は開けて 3 行目から本文を書く
2. タイトルは基本的に 50 文字以内で書く。収まらない場合は 72 文字が厳守しなければならない上限
3. タイトルの 1 文字目は大文字で書く
4. タイトルは動詞の原形ではじめる
5. タイトルにピリオドは書かない（一文で書く）
6. 本文は横 72 文字まで。それ以上は折り返す
7. 本文に変更が必要な理由、対処方法、何を変更したかを書く

🔊 構成

現在はさまざまな Git の操作を自動化するツールがありますが、だいたい上記のコミットメッセージの構成をスタンダードにしています。たとえば git revert は以下のようなコミットメッセージを自動で生成します。

```
Revert "Remove stopgap_13632 entirely for now: it doesn't support 2.2.8"

This reverts commit 536d3068b964d5848ebc47292c21c0fb0450c17b.
```

また、push したコミットをもとに GitHub 上で pull request を送ると、コミットメッセージの 1 行目が自動的に pull request のタイトルになり、pull request の本文

はコミットメッセージの本文が初期設定されます。GitHub 上の操作でコミットを行おうとすると、タイトルは 50 文字未満で入力すべき旨の警告が表示されます。

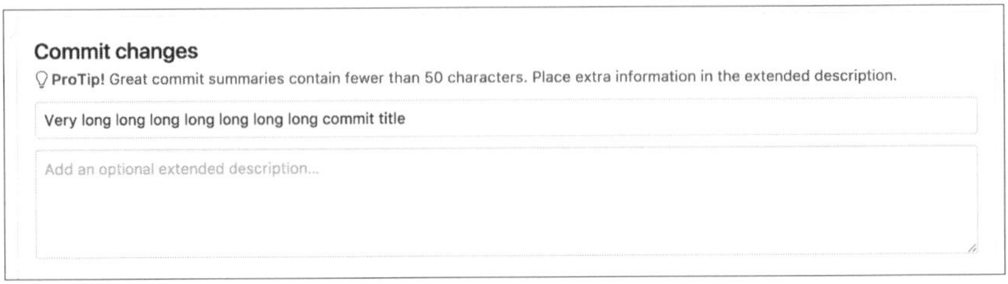

図 5-1 github_commit_title

多くのツールが既に上記の構成を想定して設計されているので、後々困らないようにこのルールに則ってコミットメッセージを書くのが賢明でしょう。

🔊 タイトル

タイトルには「何のために何をする」ということが書かれてあると良いです。タイトルは履歴順に箇条書きにしたときにざっとどんな変更があったかがわかり、コードを読む人がどのあたりに知りたい変更があるか目星をつけることができ、どのコミットに集中投下してコードリーディングをすればよいかおおむね把握できるようにすると良いでしょう。

たとえばこれは 2015 年 4 月 18 日の Rails のコミットメッセージを一覧したところですが、大体どのような変更が入ったのかざっと把握することができます。

```
% git log --oneline --after "2015-04-18 0:00" --before "2015-04-19 00:00"

d849f42b4e Autosave existing records on HMT associations when the parent is new
db8b06099f Improve documentation [ci skip]
3a20e83795 Add missing require for String#strip_heredoc
21e448b5a5 Errors can be indexed with nested attributes
581906de53 [ci skip] Replace `list` with `array`
```

これがもし以下のように書かれていたらどうでしょうか？

```
% git log --oneline --after "2015-04-18 0:00" --before "2015-04-19 00:00"

d849f42b4e Autosaving existing records on has_many_through associations when
the parent is new
db8b06099f Improving documentation of ActiveRecordPostgresql by adding usage of
uuid  [ci skip]
3a20e83795 Missing require for String#strip_heredoc was added to avoid
NoMethodError during integration test
21e448b5a5 Errors can be indexed with nested attributes when utilizing has_many
association
581906de53 [ci skip] Replacing `list` with `array` on document of ActiveSupport
```

詳しく書かれているのはありがたいのですが、どこに何の変更があるのか斜め読みするには少々情報量が多いようです。このようにタイトルには人間が目視検索でざっとどのような変更ができるか把握できるようにするという目的があります。もちろん、git blame や git bisect を使って調べたい関心事から探す場面のほうがずっと多いとは思います。しかし、誰かが行った一連の変更や、特定のファイルへの変更だけをタイトルだけで一覧できるのは便利です。

🔊 本文

本文を読む人は変更が必要になったコンテキストを知らない、コード上の変更はそれ自身が説明的であるとは限らないという前提のもと、以下の情報が含まれていると良いです。

- **Why：本文に変更が必要な理由**
  なぜこの変更が必要になったか、不具合修正・機能追加・リファクタリングのうちのどの種類の対応なのか、解決されるべき課題が書かれているとわかりやすくなります。

- **How：対処方法**
  課題に対してどのような対処法を用いたのかを書きます。

- **What：何を変更したか**
  コードのレベルでどのような変更をしたかを書きます。ある課題を解決する実装上の選択肢は無数にあるという前提のもと、どのような選択肢をとったのかを明記するとコードを読む人の理解を助けます。

- **追加情報**
  GitHub 上の issue があればそれをリンクしても良いです。

もちろん、これら全てが常に必要なわけではありませんが、将来コードを読む人がどのコンテキストを共有していないかはわかりませんので書いておくほうが安全です。

ちなみに、本文の長さは変更の種類や、OSS の開発が GitHub で行われているか等によって異なります。たとえば 2017 年にあった DNS リクエストがハイジャックされる脆弱性（CVE-2017-0902）を修正するコミットメッセージは PoC（Proof of Concept：概念の実現可能性を示す証拠）に説明があったりして、何段落もの文章と参照先やサンプルコードが書かれており、とても長くなっています。

- [RemoteFetcher] Avoid DNS Hijacking Vulnerability
  https://github.com/rubygems/rubygems/commit/8d91516fb7037ecfb27622f605dc40245e0f8d32

コミットメッセージによく使う動詞

コミットメッセージのタイトルの始めによく使う動詞をリストアップしておきます。コミットメッセージを端的に書くために多用される前置詞・副詞も併記しておきます。

- Modify：修正する
- Change：仕様変更する
    - Change ～ to …：…するように～を変更する

- Revert：元の状態に戻す
- Improve：（コードを）改良する
- Introduce：（ライブラリなどを）導入する
- Extract：（クラス・メソッドを）抽出する
  - Extract 〜 from …：…クラスから〜を取り出す
- Integrate：（クラス・メソッドを）統合する
  - Integrate A and B：A と B を統合する
  - Integrate A into B：A を B に統合する
- Enhance：機能強化する
- Allow：許可する
  - Allow 〜 to …：〜が…するのを許可する
- Enable：有効にする
  - Enable 〜 to …：〜が…出来るようにする
- Disable：無効にする
- Remove：削除する
  - Remove unused 〜：使っていない〜を削除する
- Set：設定する
  - Set 〜 to …：〜を…に設定する
  - Set 〜 for …：…に対する〜を設定する、…のための〜を設定する
- Unset：設定解除する
- Avoid：（不具合などを）避ける
  - Avoid 〜 from …：…から〜を防ぐ
  - Avoid 〜：〜を防ぐ

5-3 コードレビューの仕方

pull request に際して変更を送ったオーサーと変更を受け取ったレビュアー双方の立場から、コードレビューを円滑にする方法も覚えておきましょう。ここでは少しでも OSS 開発に参加する敷居を下げるために、コードレビューに際して心がけておきたいことを、GitHub 上の pull request のコードレビューを前提に解説します。

🔊 オーサーとして

pull request の前に

README やプロジェクトのホームページには必ず「Contributing」や「Contribution」というセクションがあります。そこに issue 報告や pull request を送る際の決まりごとが書いてあるので一読しましょう。基本的にはそのプロジェクトのローカルルールに合わせて作業してください。

大きな変更をする場合、オーサーは pull request を出す前に issue などで設計に関する合意を得ておきましょう。これは、コードレビューの段階での大きな作業の戻りを避けるためです。

pull request 開始

pull request 後は素性の知らない相手とオンラインでコミュニケーションをとることになるので、相手に伝わりやすい表現を心がけましょう。コードレビューはレビュアーのレビューとオーサーのコメントもしくは変更を、1 つのラウンドの単位として複数のラウンドで実施されます。

GitHub の場合、参加者が複数のタイムゾーンにいるため、1 つのラウンドが長くなる傾向にあります。ときにはレビュアーと好みの問題で相容れず、作業がブロックされた状態になってしまう場合があります。このような状態になってしまった場合は、他の人に議論に介入してもらうように頼むか、レビュアーと直接話せるのであればミスコミュニケーションの多い文面でのやりとりを避け、直接話して解決に導く工夫が必要です。また、技術力が高くてもレビューは慣れてい

ないレビュアーも中にはいます。GitHubにレビューを評価できる仕組みがあると良いですね。

🔊 レビュアーとして

コードレビューに慣れていないチーム・メンバーは気付いたことを大小なんでも指摘し合い、指摘された側も延々と修正に取り組むという事態に陥りがちです。こうなってしまうと、コードベースの保守性を上げるというプロパガンダのもと、より重要なコード上の危険性の発見などに割かれる時間が相対的に減ってしまい、保守性が上がりづらいという矛盾した事態になってしまいます。これはチームにおけるレビューの洗練度の視点では最初にクリアすべきステップです。

まず、「レビュアーによって理想のコードは異なり、コードレビューはいくらでも続けることができる」という前提を共有しましょう。また、プログラマー同士のレベルも異なります。レビューと修正に費やせる時間は限られていますから、最初は優先度の高いものだけを潰していく必要があります。

たとえば優先度が高く変更を強制すべきなのは以下のようなものです。

変更を強制すべきこと
- 負荷や不具合によるシステムのダウンにつながるような危険なコード
- 第三者が変更の理由・文脈を把握できないコード
- 後々再利用することが明確なのに拡張できないような設計

それに対し、変更を強制すべきでないことは次のようなものです。

変更を強制すべきでないこと
- インデント、折り返しといったコード表記の問題
- diff画面で変更がなかった部分の修正依頼は後述する[optional]を明記する、もしくはコメントしない

これらは本来、時間が許す限り取り組む問題です。コード表記の好みにレビューの時間を使うのは避け、Linterなどの静的コード解析ツールでのチェックを自動化しましょう。また、オーサーが修正する範囲の周辺コードを自主的に修正すると

いうのは素晴らしい美徳だとは思いますが、レビュアーが変更しなかった範囲の変更を他人に強制するのはやめるべきです。オーサーは自分の変更によって全体に与える影響に責任を持つ必要がありますが、レビュアーが同じ視点で安全性を担保しながら発言するのは難しいためです。

また、チームビルディングという視点ですと、レビュアーは一度の pull request で全てを解決しようとしないで相手の成長を待つくらいの余裕が必要です。相手を打ち負かすのが目的ではく、将来自分と同じ視点で戦力になってもらう仲間を育てるのがレビューの目的であるべきだからです。コードベースは、一度多少の質が落ちても回復できるのが本来あるべき姿で、後々質の向上を計れないというのであればその状況を改善すべきです。

変更があまりに大きい pull request をオーサーから受け取った場合は、本体のコードベースにマージしてもよい自己完結的な単位のコンポーネントごとに分割して送ってくれるようにお願いしましょう。その際には、分割することによって全体のレビューが早く質の良いものになるということを付け加えておくと、その一手間を気持ち良くやってもらえるのではないでしょうか。

ちょっとした工夫でレビューのコストを下げよう

レビュアーが細かい指摘ばかりしていると、オーサーは本来、保守性・安全性を見てもらいたいのに、なかなかそういった重要性の高い問題に取り組めません。そうした細かい指摘はレビュー以前のちょっとした工夫で防ぎましょう。

- コーディング規約を設ける（以下のいずれかの方法で）
    - 自分たちのプロジェクト固有のもの
    - 公開されている有名なチームのもの
    - それをフォークしたもの
- 静的コード分析ツールでコーディング規約に沿わないものを指摘・自動修正する
- コードレビューの際に指摘の意図をスタンプとしてコメント欄に明記する
    - [nits] nit-pickings：（髪のしらみを潰すという由来から）重箱の角を突くような細かいこと
    - [imo] [imho] in my (humble) opinion：私の（ささやかな）意見では

- [optional]：必須ではない変更
- [must]：必須の変更（変更しないと不具合を起こす危険がある場合。著しく保守性を下げる可能性がある場合）

このうち必須で変更してほしい意図を伝えるのは [must] のみです。

オーサーに配慮したコードレビュー

● ラウンド後の再レビューを早く行う

レビュアーの仕事はより良い実装のアイデアを提案することに留まりません。ラウンドを最後まで見守る責任があります。1 つのラウンドが終わり、オーサーがレビュアーの指摘を解消したと申し出ている場合は早めに確認してあげましょう。ラウンドが終わってから次のラウンドをしてもらえるまでに時間が空くと、それが作業のブロック要素になってしまいます。ブロックが複数になると、オーサーはマルチタスキングしなければいけなくなり、他の仕事とのスイッチングコストが発生してしまいます。

また、それら複数の pull request が関連性のある 1 つの壮大な変更（epic）である場合は、それぞれの変更が依存関係にあるため、先の pull request がマージされたらその変更を後続の pull request に取り入れなければいけません。ちょっとした変更であれば git の操作で何とかなりますが、修正が度重なるようだとオーサーの負荷が高まります。オーサーはそれを避けるために大きな変更を 1 つの pull request に入れがちになり、レビューがしづらくなるという悪循環に入りがちです。ラウンド中のレビューコメントとその後のラウンドのレビューは必ずセットで責任を持ちましょう。

● 小を捨てて大に就く

低位のコメントだけに終止することになると、レビューに時間はかけたのに成果物は少ないという状態に陥りがちです。これは一般に bikeshedding と呼ばれています。原子力発電所を作るときに、複雑な発電所そのものの設計よりも、そこに設置する自転車置場のデザインのような誰にでも理解でき、取り組めるような議論に時間を割き過ぎるということのたとえです。

初期のラウンドでは高位からフィードバックを行うように自制しましょ

う。まずは安全性・設計に関するコメントから始め、クラスのインターフェースの再設計や、複雑な関数の分割といった問題に集中すべきです。この問題が解決するまで待ってから、変数名のつけ方や、コードのコメントが明瞭かといった低位の問題に取り組みましょう。また、些細なコードの修正は勇気を持って合格とし、もっと大事な問題に取り組むことが大事です。

● **トラブルを少なくするコードレビューの表現**

コメントを命令形で書くのは避けましょう。現実世界で、同僚に面と向き合って「このクラスは命名が悪いから全部置換しろ」とは言いませんよね。しかし、コードレビュー中のコメントではそういった無愛想な言い回しが行われることがあります。無用なトラブルを避けるためにも、疑問形でたずねる姿勢などの丁寧な表現を心がけましょう。

以下のリストは下へ行くほど表現が遠回しになり、より丁寧な表現になります。ただし、国や個人の感覚によって異なりますので注意してください。

1. Fix the typo.
2. Will you fix the typo?
3. Can you fix the typo?
4. Will you please fix the typo?
5. Can you please fix the typo?
6. Would you fix the typo?
7. Could you fix the typo?
8. Would you please fix the typo?
9. Could you please fix the typo?
10. Do you mind fixing the typo?
11. Would you mind fixing the typo?
12. Is it possible for you to fix the typo?
13. Would it be possible to fix the typo?
14. Could you possibly fix the typo?
15. I wonder if you could fix the typo?
16. I was wondering if could fix the typo?

Will は相手がお願いごとを聞き入れる意志を問い、Can は聞き入れてくれる可能性があるかを問います。そのため、Can のほうがより丁寧な表現になります。Can you は友達や家族に対しては問題なく使えますが、たとえば職場で距離感の遠い相手に使うのは避けましょう。表現の丁寧度合いは頼む内容の度合い＝頼まれるほうが請け負う負荷の度合いによります。たとえば上記の例ですと請け負う負荷は fix the typo する程度のことですので一般に Can you でも大丈夫ですが、私なら「親しい仲にも礼儀あり」の姿勢で Can you please..? を使います。Would you／Could you も can you please とさほど丁寧さは変わりません。通常同じ目線を共有している人＝同じ OSS に取り組む仲間や同僚に Would you please..?／Could you please..? を使うのは少々他人行儀です。たとえば、あなたが日本から、会ったことのない US のエンジニアに公演の依頼のメールを書くような場合は使って構いません。ですが、fix the typo に対してそれらを使うと逆に慇懃無礼になってしまいます。私の経験上では、関係が悪化した同僚同士が使っているのを聞いたことがあるくらいです。

　これがもし依頼事が fix the type ではなく「extract responsibility to send an email from the existing class to a special class for the purpose and replace callings accordingly（既存のクラスからメールを送信する責務を専用のクラスに抽出して呼び元を全部修正して）」だったら事情は変わります。Can you..? ですとこの場合は少々雑な頼み方に響きます。私なら「Do you mind..?（…を気にしますか？）」を使って頼むでしょう。この聞き方だと、頼みづらいことを頼んでいるということが相手に伝わりやすいためです。

経験値にあったコメントを

　レビュアーとオーサーの知識量に大きなギャップがある場合は、レビュアーがオーサーのレベルまで下りる義務があります。これはコードの質を落とすという意味ではなく、オーサーが直ちにレベルを上げるのが不可能な場合には、レビュアーはオーサーのレベルの底上げを時間をかけて行う必要があるという意味です。知識量が多い＝能力が高いというわけではなく、単に経験値に違いがあるだけなので、今レベルが低い人でもなるべく早くレベルを上げてもらうというのがレビューの目的であるべきです。

たとえばRubyを学習し始めたオーサーが次のようなコードを書いたとします。

```
100.times.select do |i|
    i.odd?
end
```

レビュアーがそれに対して「&表記でblockを戻すワンライナーで書いてください」と依頼すると、オーサーはどう書いたら良いのか調べ、調べてもわからなければ聞く手間が発生します。正解は以下の書き方です。

```
100.times.select(&:odd?)
```

こういった、わかる人にはわかるコメントの書き方はレビュアーの怠惰によるものです。忙しくても少しオーサーと同じレベルに降りて会話をする一手間を心がけましょう。オーサーが自助努力だけに頼らず、レビューを実力アップの時間に使うのも大事な時間の使い方の1つです。

コードのサンプルを示す

人々はオーサーが全てのpull request上の変更の責任を持つと思いがちです。指摘する側のレビュアーは「このクラスは以前からあるクラスとほぼ同じ責務を共有しているから統合しては？」といったぼやっとしたアイデアを無責任に発言することもできますが、オーサーの側はその変更を安全に実装する責務があります。そういった場合は、レビュアーがその概念の実証（proof of concept）としてコードスニペットをコメント欄に書いてあげたり、変更が大きい場合はPoC専用の別ブランチを作って提案するなどの責務を持つべきです。

個人的な意見ですが、この辺はGitHubの作りの問題でもあり、レビュアーが単にコメントだけでなく、PoCをかんたんに提案しやすいようなUIになっているとこのような事態が起こりづらくなるのではないでしょうか？

心の持ちよう

普段、有名オープンソース開発の美しいコーディングの世界に慣れていて、レ

ベルや習慣の違う pull request を受け取ると、コードベースが汚れるのではないかと過剰な防御反応を起こしてしまうものです。たとえば「君のコードはだめだ」の一言が言えない代わりに何十もの指摘をするような人もいます。また中にはコメントで打ち負かすのが目的化していたり、自分の実力を随所に見せつけるような、日常生活でコードレビューでしか自己承認欲求が満たされていないのではないだろうかというような人もいます。はたまた、自分の意見に自信がないために毎度のようにスキルの高いプログラマに @ を付けてメンションするような人もいます。ルールを守らないとレビューすらしない権威的な人もいます。

これらは全て行っている本人は正義のために良かれと思っていることですが、プロジェクト全体の利益を考えるとあまり良いことではありません。長い目で一緒にプロジェクトの仲間を増やしていける心の持ちようが大事です。こういったことは、プログラミングの世界から一歩飛び出したほうが学べる多いかもかもしれませんね。

> **Column** 自分が作ったツールを宣伝する
>
> ここまでは公開されたオープンソースプロジェクトに参加することを中心にお話ししてきました。ここでは自分で作成したプロジェクトを宣伝するサイトをご紹介します。自分のプロジェクトを多くの人に使ってもらったり、プロジェクトに参加してもらうのは良いプロジェクトでも案外難しくコツのいるものです。
>
> - Show HN (https://news.ycombinator.com/showhn.html)
>
>   日本のはてなブックマークと同じく、英語圏でネット上の話題が集まるのが Hacker News です。その中でタイトルに「Show HN」をタイトルにつけると、自分のプロジェクトを披露するための記事であることを示すという習慣があります。閲覧者数が多いです。ただし、HN の購読者の多くは Twitter の @newsyc100 のように一定の人気の閾値（この場合は 100）を超えて初めてリストされる SNS を購読しています。そのため、人気を得ないと存在すらしないことになってしまい注意が必要です。

- **Upstart.me（http://upstart.me/search/index.php）**

    Upstart.me は、ニュースレターの提供者とスモールビジネスやサイドプロジェクトを宣伝したいオーナーをつなぐデータベースです。ニュースレターをキーワード検索することができます。

    たとえば「design」で検索すると検索結果に表示される Webdesigner Depot は、Web デザインに関するティップスなどを配信するニュースレターを持っています。購読者は Upstart.me 上で 44 万人（本サイトで 110 万人）いると表記されています。

    Upstart.me 上からニュースレターのプロバイダーへのコンタクトが可能です。そのため、特定の興味を持つ人たちに効率よくリーチすることができます。

- **Stack Overflow（https://ja.stackoverflow.com/）**

    Stack Overflow で自分が作ったプロジェクトが解決した課題を抱えている質問を探してみましょう。見つけたら、自分のツールを解決として提案しましょう。実はこれが一番効率良く自分のプロジェクトのファンを獲得できる手段かもしれません。

第 6 章

コーディングマナーとしての英語

この章で学べること

- クラス・メソッド名における英単語選定の仕方
- 時制に惑わされない動詞の活用形の求め方
- 自動詞・他動詞を区別して正しい態でクラス・メソッド名を命名する方法
- クラスを主語として考えると、メソッドが所属すべきクラスがわかる
- 前置詞に関するコモンミステイク
- 命名に名詞を使う際に注意すべきこと

レビュアーに読みやすいコードを書く

　ディレクターにちょっとした変更を頼まれて他人のコードを変更したけれど、それには予想外のリスクがあって修正によって不具合を引き起こして怒られてしまい、不条理を感じつつ謝ったといった経験はありませんか？　プログラミングは、ときに繊細な行為で、たった一文字の間違いから1日数十万人訪れるようなサイトに重大な不具合を引き起こすこともあります。こうした経験から我々プログラマは臆病で保身的になりがちです。その結果、すごく単純な機能の見積もりに際し「想定以上の工数がかかる」とか、「全部書き直したほうが良い」とか、ディレクターやマネージャーを驚かせるようなことを言ってしまうのです。

　OOPは共同作業を前提として発展してきました。共同作業とは実に難しいもので、誰が何をどこまでやるのかというのは往々にして曖昧です。プログラミングコードには書く人と読む人が必ずセットでいます。その前提のもと、コードベースに触れる全ての人には「他人や未来の自分が読めるコードを書く」ことをマナーとして守るべきです。必ずしも最上級に美しく整理されたコードを書く必要はありません。しかし、読みにくいコードを書くということは、コード中に見えない地雷を撒いて後々の作業時間を奪うようなものです。そしてそれによって引き起こされる事故には後処理に費やされる時間がつきものです。そのような意味において、整理されたコードを最初から書くということは、保守の棚卸しのようなものだと言えるでしょう。

　整理されたコードはこんなことを把握しやすいというメリットがあります。

- 修正への柔軟性
- コード中のリスクの所在
- どの部分がどの機能を担当しているか

　逆に読みにくいコードはこれらのことを把握するのに時間や労力がかかります。では、読みにくいコードとはどのようなものなのでしょうか？

🔊 コードは英語のネイティブスピーカーにとってどのように見えるのか？

　我々日本で育った日本人にとって、生きた語感を習得するまでにはなかなかの労力や時間がかかるものです。そのためか、日本の開発現場では、人によってではありますが、コード中の英単語は日本語の単語を直訳した符号として認識されがちであるように思います。どういうことかというと、英語としての意味の正しさが大事なわけではなくて、日本語を代替する何らかの符号としての英単語をコード中に配置しているように見受けられることがあるわけです。それがおそらく、意味を推測しづらいコード、そしてオープンソース化しても海外からのレビューや修正の付きづらいコードを作り出す理由の1つになっているのではないかと思います。

　英語のネイティブスピーカーにとってプログラミングコードとは、自然言語を一定の文法で簡略化したものであり、単語自体はそのままの意味で使われているものです。つまり、コンピュータプログラマではない人がぱっと見ても、何をしているのかおおよそは把握できるものであるはずです。

🔊 読めないコード

　さあ、ではネイティブスピーカーにとってコードがどのように映っているのかデモンストレーションしてみましょう。もとの英語のコードは以下のものだとします。

```
class EnqueteCampaignsController
    def create
        @enquete_campaign = EnqueteCampaign.find(params[:enquete_campaign_id])
        return if @enquete_campaign.started_at.future?

        resp[※1] = @enquete_campaign.response.new(params[:response])
        return unless resp.term?

        if resp.interested_products.count > 5
            @enquete_campaign.loyal_consumers << resp.respondent
```

※1　responseをrespと省略して表記しているのは、RailsにおいてControllerのインスタンス変数にresponseがあり、それとの重複を避けるためです。

第6章　コーディングマナーとしての英語

```
    end
    SupportCenter.notify(resp.opinion) if resp.present?
    if resp.introduced_by_friend?
        @enquete_campaign.friend_invitation_conversion += 1
    end
    if response.respondent.monitor_user?
        SupportCenter.request_shipping(
            product: @enquete_campaign.monitor_product,
            recipient: resp.respondent
        )
    end
    resp.save and @enquete_campaign.save
  end
end
```

　もしかしたらお気づきになられたかもしれません。実はこのコードには日本人のよくある間違いをいくつか仕込んであるのです。おそらく、語感があればあるほどコード中に混乱をきたす要素に気付きやすく、全体を通して何をするコードなのか把握しづらくなるのではないかと思います。

　では、ネイティブスピーカーの視点を模して上記のコードを日本語化してみましょう。間違いを含め日本語の語感で表現しています。

```
種類 Enquêteキャンペーンコントローラ
    宣言 作る
        @Enquêteキャンペーン = Enquêteキャンペーン.見つけて(パラメータ[:EnquêteキャンペーンID])
        (nilを)返す もし @Enquêteキャンペーン.始まられた日時.未来?

        回答 = @Enquêteキャンペーン.回答.新しい(パラメータ[:回答])
        (nilを)返す もし 回答.用語? でなければ

        もし 回答.興味を持たすことをさせられた製品.数 > 5
            @Enquêteキャンペーン.愛用者 << 回答.回答者
        終

        サポートセンター.知らせて(回答.見解) if 回答.存在する?

        もし 回答.友人に紹介された?
            @Enquêteキャンペーン.友人招待転換 += 1
        終
```

128

```
        もし 回答.回答者.ユーザ監視する?
             サポートセンター.配送を依頼する(
                   商品: @Enquêteキャンペーン.商品を監視して,
                   受領者: 回答.回答者
             )
        終
        回答.保存する そして @Enquêteキャンペーン.保存する
    終
終
```

こうして日本語で見ると、自然言語と比較してプログラミングコードがシンプルな文法でデザインされていることが表面化します。しかし同時に間違っていそうな箇所があるため読みづらくはないでしょうか？　読み進めていくにつれ疑心暗鬼な事柄が増えていくので、読み終えた後に全体を通して辻褄が合うように補正するための脳内コストがかかるようになっています。つまり、一種のなぞなぞのような状態になっているのです。では、以下に誤りを正していきます。

Enquête キャンペーン　～単語選択の誤り

`EnqueteCampaign`：Enquête（＝アンケート）はフランス語ですので、英語のネイティブスピーカーにとっての外来語です。英語では Survey や Questionnaire と呼ぶのが一般的ですので、`EnqueteCampaign` は `SurveyCampaign` などとしたほうが良いでしょう。カタカナ言葉は外来語の輸入元をわかりづらくしてしまいます。英語と混在しないようにしましょう。

また、カタカナは実はいろいろな時代にいろいろな国から伝わったものなので、カタカナ表記された後は日本語として分岐し育ちます。したがって、独自の意味に改変されていたり、意味の鮮度（今では母国語では使われないもの）に大きな開きがあったりします。

@Enquête キャンペーン.始まられた日時.未来？　～態の誤り

`@enquete_campaign.started_at.future?`：start は自動詞です。ここでの意図はキャンペーンが未来に始まるかどうか判定したいというものです。始まるのはキャンペーンですので、`@enquete_campaign.starts_at.future?` が正しいです。態については、6-2 節「動詞の態に関するコモンミステイク」（p132）で解説します。

回答 . 興味を持たすことをさせられた製品　～態の誤り

　`resp.interested_products`：interest は「興味を持たせる」という意味の他動詞です。これは回答者に興味を持たせた商品を格納する変数ですから、主語は商品です。ですから interesting_products が正しいです。ネイティブスピーカーにとってこのような態の間違いは、その意味を推測しづらいものにさせてしまいます。そのため、態を間違えた変数がコード中に散在すると、徐々に全体のロジックに混乱をきたしていきます。

サポートセンター . 知らせて（回答 . 見解）　～コンテキストが必要

　`SupportCenter.notify(resp.opinion)`：単語の選定が正しく文法的にも正しいので、日本人にとっては一見正しそうですが、「知らせる？　誰に？」というのが多くのネイティブスピーカーの初見者の感想でしょう。サポートセンターなので恐らくスタッフに知らせるとは推測できますが、ここには日本語と英語の微妙な差があります。日本語はハイコンテキストなので、目的語や補語（誰に、何を）を省略することは広く一般的に多用されていますが、英語の場合は省略できません。SupportCenter.notify は SupportCenter.notify_staff とするのが良いでしょう。

　`resp.opinion`：また、opinion はアンケートにフリーフォームで記入できるご意見の直訳としてあてがわれていますが、コアな意味としては「問題などに対する誰かの見解」です。なのでここでは不適当です。「ご意見」の意味では comment や feedback を使うのが一般的でしょう。

@Enquête キャンペーン . 友人招待転換　～名詞の連続

　`@enquete_campaign.friend_invitation_conversion`：英語では名詞同士は前置詞でつないでお互いの関連性を表現します。日本語の熟語の感覚で名詞を連続すると省略されている前置詞を想像しにくくなっていくのでできるだけ避けましょう。詳しくは 2-5 節「名詞に関する法則」（p69）を参考にしてください。

@Enquête_ キャンペーン . 商品を監視して
～動詞にもなってしまう名詞

　`response.respondent.monitor_user?`、`@enquete_campaign.monitor_product`：

6-1　レビュアーに読みやすいコードを書く

　ここでのモニターとは、キャンペーンに際して回答者に商品サンプルを送付し、使ってみてもらって体験を投稿してもらうという意味の和製英語です。モニターは、ロイヤリティの高いユーザに感想を投稿してもらうことで回答を促進するなどの目的で実施します。英語の monitor は監視するという意味の動詞や監視装置・画面を表すことが最も多いので、「ユーザを監視する？」という意味に取れてしまいます。キャンペーンのモニターという呼び名に相当する英単語はありません。この文脈においてはそれぞれ以下のように置き換えることをおすすめします。

- monitor_user　→　tester、user_to_answer_questionnaire
- monitor_product　→　product_sample、testing_product

　他にはたとえば、store_recipe は「料理家（店舗）のレシピ」という意味で実際に開発で使われていた変数です。広く一般に使われている固有名詞の場合はこのような動詞＋名詞の形でも意味が伝わります。しかし、これを初めて目にするほとんどの人はこれが固有名詞であるということに気づかないでしょう。store には「保管する」という意味がありますから「レシピを保管せよ」というメソッド呼び出しに見えます。実際の意味に近い単語を選定して chef_recipe や restaurant_recipe などにしてみてはいかがでしょうか[※2]。動詞にもなる単語を名詞として使うと誤読されやすいので避けましょう。

※2　メソッド呼び出しに () を伴わないで DSL 的に書ける Ruby のような言語の場合は特に「命令 ()」なのか「変数名」なのか区別が付きづらいので気をつけましょう。

6-2 動詞の態に関するコモンミステイク

　ここからは上記のコードの例では収まらない、その他の頻出コモンミステイクや法則をご紹介します。

　この節では、間違えるとGitHubでPull Requestを受け入れてもらえなくなったり、コントリビュータを得づらくなってしまうような動詞の態に関するコモンミステイクについてご紹介します。GitHub上の作業などでは変数名、メソッド名に以下に示すような暗黙的な決まりごとがあります。特に、態を間違えると動作の主体と対象が入れ替わってしまいます（「AがBに何かをする」が「BがAに何かをする」になってしまいます）。ほとんどの場合、コードを読む他のプログラマにとって意味がわからないか、もしくは意味を把握するまでに一定の時間的コストがかかってしまいます。

🔊 時制に惑わされない動詞の活用形の求め方

　オブジェクト指向言語（OOPL）にはクラスがあり、クラスが持つ「所有物＝プロパティ」があり、「メソッド＝機能」があります。主語をクラスとして、プロパティを「クラスの〜」と、メソッドを「クラスが〜する」という意味で捉えると、名前に使用する動詞が自動詞であるか他動詞であるかによって、おのずとその動詞の活用形が決まります。以下の問題で少し理解を深めてみましょう。

【問題】
　ここに期間限定の広告キャンペーンがあったとします。それらに以下のような情報を持たせたいとき、あなたはどのような変数名を付けますか？

- クラス名：キャンペーン
  - データベースにデータを初めて保存した日時
  - データベースのデータを更新した日時
  - キャンペーンの開始日時

- キャンペーンの終了日時

【解答】
- Campaign
  - created_at
  - updated_at
  - starts_at
  - ends_at

おやっと思ったかもしれません。created_at と updated_at が過去完了形なんだから starts_at 以下も揃えたほうが統一感があるだろうと考えなかったでしょうか。実際そのような指摘をコードレビューで受けたことがあります。Campaign を主語にして考えてみましょう。

Campaign は create されるものなので、created_at という受動態で表記します。updated_at も同じ理由です。

それに対し、start や end は自動詞にも他動詞にもなれます。しかし、Campaign が主語のときは「キャンペーンが始まる」という意味の自動詞にするのが自然です。自然言語では「The campaign starts at 9 PM today.」となり、メソッド名は campaign.starts_at とするのが自然です。

近未来の予定を表す ing 形を使った starting at ではないの？

タイムテーブルに載っているような既に決定事項となった予定だからです。そのような場合、英語では三人称単数を使うのが一般的です。

- ◯：The DJ starts playing at 2PM.
- ×：The DJ is starting playing at 2PM.

過去分詞の動詞は常に過去の出来事を表すわけではない

次の例です。認証に関する日時を記録する Authentication というクラスがあり、以下のようなプロパティを持つとします。

- Authentication：認証
  - created_at：発行された日時
  - updated_at：認証の内容が変更された日時
  - expires_at：失効する日時

このようなとき、expires が created の後に起きるのに過去形ではないのがわかりづらいといった意見や、created_at や updated_at と揃っていないのがわかりづらいという理由で expired_at に揃えるべきだという議論をコードレビューで見かけることがあります。しかし、expire が -ing であるか -ed であるかは時間的制約とは関係なく、クラス名と動詞との主従関係によって決まります。この場合 expire は自動詞であり、Authentication は期限切れするものであって期限切れされるものではないので Authentication.expires_at が正しいです。

🔊 主語に惑わされない動詞の活用形の求め方

クラス名を主語としたときにメソッド名にどのような名詞の活用形を選定すればよいのかわかりづらい場合があります。

【問題】
以下のメソッドの命名は誤解なく通じるでしょうか？

1. user.interested_articles
2. tour.meeting_place

【解答】
1. ×　user.favourite_articles をおすすめします。
   「interest〜」は「〜に興味を抱かせる」という意味の他動詞です。「interested_articles」と一続きに書いてしまうと「記事」が隠れた主語になってしまい、「記事が興味を抱かせられた」というニュアンスになってしまいます。一方で「user.interesting_articles」とすると「user」を主語にしたときに「ユーザが興味を抱かせる記事」という意味と取れてしまい、逆に混乱を招きやすいです。

この場合は文法的な誤解を避け、user が主語でそのプロパティが「お気に入りの記事」であるという意味を表すように、favourite という単語を使って「user.favourite_articles」とするのがよさそうです。

2. ○
「met_place ではないのか？」という指摘をコードレビューで受けることがありますが、place は meet の動作の受け手ではないので受動態にするのは間違いです。meet の影の主語であり、会う (meet) のは旅行の参加者です。また、place は meet の影の主語でもありませんが、問題 1 の分詞の形容詞的用法のように、動詞の -ing 形を形容詞的に使って place を修飾する場合があります（これを動名詞の形容詞的用法と言います）。ここでは目的を表す「集合をするための場所」という意味になります。動名詞の形容詞的用法については、1-5 節の「動名詞の形容詞的用法」項を参考にしてください。

🔊 誰が主語なの？ 〜SRP から動作の主体を探す

メソッドはクラスを主語としたときに、主語・述語の関係になるクラスに所属させるとしっくりきます。Single Responsibility Principle（SRP）とは、1 つのクラス・1 つのメソッドは 1 つの責務だけを担当するという原則です。それ自体は命名に関する法則ではありませんが、メソッドの命名に際して所属先を考えることに応用できます。

たとえば、Answer クラス（アンケートの回答を表す）に save というメソッドがあったとします。それが回答の保存だけではなく、ユーザへの確認メールの送信も行っていたらメソッド名は save_and_send_mail() となるべきです。

しかし、SRP の原則的には、and が付く命名をしてしまった時点でそのメソッドは save() と send_mail() に分離すべきです。その際に主語をクラス名と仮定して考えるとメソッドの所属すべきクラスがおのずと決まっていきます。この例の場合ですと Answer が save する（自動詞）はしっくりきますが、Answer が send_mail するのはアンケートの回答を表すクラスの責務からはみ出している感じがします。AnswerMailer といったクラスを別に用意して、そこに send() というメソッドがあるべきです。

6-3 命名における日本語由来のコモンミステイク

ここではコード中でよく使われているが意味が通じづらい単語の選定についてご紹介します。

🔊 日本語と英語の意味の範囲の違いを確認する

2-4節「英単語と日本語単語が表す意味の範囲の違い」(p64)で説明したように、クラス名に使う単語の選定をするときは、それを指す日本語が、プログラミング上のコンテキストの意味と合っているか確認しましょう。たとえば「広告案件」を表すクラス名に対しては、「案件」ではなく、「Campaign」という本来のプログラミング上のコンテキストを表す単語を選定してあげると良かったですよね。

🔊 複数語からなる単語を1語で呼ぶのはやめよう

- supermarket → ✗ super
- staple food（主食） → ✗ staple

スーパーマーケットをスーパーと呼ぶのは日本独特のものです。superが付くものがスーパーマーケットくらいしかなかったり、スーパーマーケットという発音が長すぎたり、スーパーマーケットという単語がとても一般的な場合に日本語ではこのような省略が起きます。しかし、もちろん英語では「超〜」という意味になってしまうのでそれだけでは意味を成しません。こういった省略は止めましょう。

同様の例ではstaple foodという単語をstapleと省略している例を日本のコードベースで見かけたことがありますが、stapleだけだと真っ先にホチキスの芯を思い浮かべるのが一般的です。この例の意味もfoodとのコロケーションに強く依存しますので、常にstapleとfoodの2語で表記すべきです。

🔊 逆の動作を un- 動詞で表す

un- 動詞を単に反意語として使っていることをよく見かけます。しかし、un- 動詞には日本語の「無・不・非・否・未」のように「何かをしない」という意味だけではなく、もとの動詞の逆の動作をするというニュアンスがあります。

たとえば、ユーザが最後に訪問したページ番号を save というメソッド名で保持しておいて、そのサイトに再訪したときにそのページを表示するような実装があったとします。このような一度きりしか使用しない値は表示のタイミングでそれを破棄しても良いわけです。ここで、保存と対になるメソッド名を remove としても意味は通じますが、save と逆の動作ということがわかりづらいです。また、値を取得して破棄するという意味で get_and_remove と命名することもできますが、メソッドに 2 つの責務があることが強調されてしまいます。このような場合は un- 動詞を用いると、「ページ番号を設定して保存した」という動作と逆の行為をした、つまり「ページ番号を取得して保存されていたデータを破棄した」ということが実装を見ずとも通じやすくなります。

```
class PageLastShown
    def save(page)
        # pageを保存する
    end

    def unsave
        # pageを保存元から取得して保存元を破棄する
    end
end
```

このような組み合わせの代表的なものは、以下の通りです。

memoize／unmemoize、fold／unfold、do／undo、load／unload

省略してはいけない単語を省略しない

日本語と同じ感覚で必要な単語を省略すると、メソッドが何をするためのものかわからなくなることがあります。たとえば以下のような場合です。

```
class Staff
    def running?
        # => return true or false
    end
end
```

run には「走る」「経営する」「実行する」といったさまざまな意味があります。プログラミング上のコンテキストによって、メソッドが何をしているのかは以下のような異なった意味に解釈できてしまいます。

- A. Staff が走っているかを確認する
- B. Staff が広告やお店を運営しているかを確認する
- C. Staff というクラスが何かの処理を実行中であるかを確認する

このような場合は必要な情報を省略しないで、以下のようにメソッドを命名しましょう。

- A. def running_to?(location:)
- B. def running?(ad_campaign:)
- C. def running_process?

詳しくは 2-3 節の「日本語はハイコンテキストで文脈依存度が高い言語」項（p59）を参考にしてください。

6-4 前置詞に関するコモンミステイク

他動詞を自動詞と間違えると、不要に前置詞を足してしまうことがあります。それでも意味が通じる場合もありますが、運悪く慣用表現と重なってしまうと、コードリーダーにとって全く違う意味が真っ先に思い浮かぶために混乱を招くことがあります。前置詞に関するあなたの理解度を確認してみましょう。

【問題】

以下はそれぞれ、クラスのインスタンスを表す変数名の後にピリオドを挟んでメソッドを表す動詞が続きます。自動詞と他動詞の使い方に間違いはないでしょうか？

1. `train.arrive_at('King's Cross station')`
2. `member.attend_at(conference)`
3. `membership_list.search_members(role: :organiser)`

【解答】

1. ○

    arrive は自動詞です。自動詞はそれ一語では意味を成しません。そのため常に前置詞を伴います。この場合の前置詞は at で、到着した場所を点として描写する役割を担っています。arrive のような移動に関する自動詞の場合、目的地の前に前置詞がなくても意味は通じます。しかし、たとえば go のような多義語の場合、少し曖昧で理解するためにコストがかかります。頭の中で go の持つさまざまな意味のうち、コード上のコンテキストに合うものを選んで to を補完するという作業をする必要があるためです。前置詞について詳しくは 1-2 節「時や場所の意味を補う 〜前置詞」(p32) を復習してください。

2. ×　正しくは member.attend(conference)
   attend は他動詞。自動詞とは異なり他動詞は必ず目的語という動作の対象を伴います。ほとんどの場合は前置詞を伴わないで「A が B [に | を] 何かする」、もしくは補語を伴って「A が B [に | を] C を何かする」という語順になります。

   - A が B を何かする
     彼がりんごを買った。　　He bought an apple.
   - A が B に C を何かする
     彼が私にりんごを買った。　　He bought me an apple.

   問題の例は前者の場合です。前置詞（at）なしの「attend conference」でカンファレンスに出席するという意味になります。他動詞と自動詞の区別の仕方に関しては、1-1 節「動作や存在を表す　〜動詞」（p28）を復習してください。

3. ×　正しくは membership_list.search_for_members(role: :organiser)
   search は自動詞。members を探すので for を伴って検索するという意味になります。search は他動詞にもなれますが、その場合は「search a drawer for her letter」のように目的語は検索範囲を表す名詞となります。

🔊 前置詞の後は -ing 形

前置詞の後に動詞の原形があるのを（実際に）よく見かけます。for や about などの前置詞のあとは -ing 形を使って、動詞を名詞に変換してください。

User.has_permission_for?(:editing_article)

意味が曖昧だから避けたほうがよい単語

　ここで紹介する単語は頻度高くコード中に出現しますが、意味のカバーする範囲が広いのでなるべく避けましょう。変数のスコープが狭いときは使ってもよいと思いますが、使用範囲が広くなるにつれて外部からはそれが何を示すのかわかりづらくなっていきます。

result が示すものはわかる

```
ApiClient.request(:users, premium_user: true){ |result|
    users = result.map{ |attributes| User.new(result.attributes) }
}
```

result の示すものがよくわからない

```
result = User.where(premium_user: true)
...
... 長く複雑な処理
...
if result.first.has_kids?
    # この部分の処理に到達する条件を知りたかったらresultを取得する
    # 処理まで戻ってどのような構造になってるか調べる必要がある
end
```

　では、それぞれなぜ使うのを止めるべきなのか解説していきます。

result

　結果を格納する変数として、結果という意味の result という変数名を多用するのは避けましょう。

```
result = User.where(premium_user: true)
```

　プログラミングコードはおおむね結果を変数に格納するもので、その全てが何

かの「結果」と言えます。result のスコープが広くなると何の結果なのかがわかりづらくなるのでなるべく避けましょう。直上の例の場合であれば、変数の示す実体がわかるように users を代わりに使いましょう。

data

業務系のプログラミングコードというものはおおむね常にデータを取得・操作するもので、常に何かしらのデータがスコープ上に存在します。それぞれのデータが指し示す実体がわかるような名前を使いましょう。

filter

メソッド名として filter を使うと、与えられた条件を含むべきなのか、排除するのかわかりづらいので避けましょう。

- ×：staffs.filter(role: :administrator)
  administrator を含む結果を期待しているのか、排除している結果なのかわかりづらい
- ○：staffs.exclude(role: :administrator)
  administrator を排除した結果を取得できることがわかりやすい

check

妥当性を担保したものという意味で check を多用するのは避けましょう。たとえば、画像をサイトに掲載させて良いかどうか判定するクラスが ImageCheck と命名されていたのを見かけたことがあります。チェックは多義語で、点検という意味の他には、主に伝票・小切手、チェック柄の織物、などの意味があります。ImageValidator などに置き換えることをおすすめします。

_flag

ユーザが管理者であるかどうかを判定するフラグを意図するプロパティが User#admin_flag のように _flag を付けて命名されていることを見かけることがあります。flag という接尾語を付けなくても動詞に er｜or｜ar、-ing、-able、

-ed のような接尾後を付けて代用できます。この例であれば、User は管理する側の人なので User#administrator? というプロパティ名にして、値が true であれば管理者であると判定すれば良いでしょう。クラスが UserPolicy なら管理されるものなので UserPolicy#administrable という命名が良いでしょう。

mode

　mode は、状態に応じて画面の表示を切り替えるためや、状態遷移があるオブジェクトの状態を表すためなど、何かの状態を保持する際によく使われます。ですが、何のモードなのかわかりづらいことが多いので、たとえば run_mode = :dry のように状態の種類を表す単語と常に一緒に使用するか、1 語で表せられる単語があればそちらに置き換えることをおすすめします。

6-6 コード中での名詞の扱い方

　ここではコード中での名詞の扱い方についてご紹介します。名詞に関する文法は、日本人に備わっていない数値や前置詞などの文法的感覚に依存するところが大きく、実は間違いの多い分野です。

🔊 動詞か名詞か？

プロパティ名なら名詞、メソッド名なら動詞

　プロパティはそれが所属するクラスの所有物ですので、名詞（または名詞句）を用います。メソッド名は命令ですので動詞の原形を用いてください。この基本原則を誤ると、Rubyのようにプロパティとメソッドにシンタクス上の区別のない言語ではどちらか判別しづらくなってしまいます。

メモ化を用いない、問い合わせを伴うメソッドの名前は動詞

　上記の法則と等価ですが、データベースへの問い合わせを伴うメソッドがその結果をメモ化（呼び出されたメソッドの評価結果をメモリ上にキャッシュし、次回以降の呼び出しはそれを参照することで、プログラムを高速化する技法）によって保持する場合は名詞でメソッド名を命名します。メモ化を行わないメソッドを名詞で命名する場合、そのメソッドが内部で問い合わせを伴うということが外部から想像しづらいです。そのため、気軽にループ中で呼んでいたらデータベースに大量のクエリが発生していて問い合わせが詰まってしまい、レスポンスタイムに影響が出た、というようなことが起こりやすくなります。

🔊 名詞の連続をして良い場合、良くない場合

一般的な英語の場合

　2-5節「名詞に関する法則」（p69）で説明した通り、名詞の連続はもともとは文法上正しくありません。日本語では「会社の名前」を「会社名」とまとめてしまう

ことができます。しかし、英語の場合は、名詞同士を「の」でつなげられ、AとBが等価で、AがBを説明するような関係であるとき、「B of A」とするのが最も一般的です。したがって「会社名」は、name of the company と表します。ですが、たとえば high tech や through put のように、AとBの組み合わせが一般的に認知されている場合は、名詞を連続して使用することができます。

　一般的な認知度に応じて、以下のように変化します。

through put　→　through-put　→　throughput

　最初は2つの単語の連続だったものが、ダッシュ(-)でつながって使われるようになり、最後は1つの単語として成立するようになります。

2語の変数名の場合

　これはプログラミング言語それぞれの文化によって異なりますが、往々にしてどのプログラミング言語の世界でも、日常で使う英語と同様に、一般的に認知されている組み合わせを1つの単語としてつなげることはできます。

　その他に、name of ～、count of ～、size of ～、length of ～などよく使う名前や数量を表す名詞は、company_name や item_count のように、_name、_count という形を取ることができます。この形式は先の一般性の法則によるものではなく、単に長い名前の変数名がコード中に多くなるとコードの見通しが悪くなるというところによるものでしょう。

- company_name：会社名
- item_count：アイテム数

　変数名が説明的であることは良いことですが、それ自体が文のような長い変数名が乱立して長すぎると、そのために頻繁にコード中の折り返しが発生したり、結果的にコードがどのような命令をしているのか見通しが悪くなるということが起きます。つまり、命名をするときは1つの変数だけを考えるのではなく、コード中でどのように見えるのかという俯瞰した視点で命名するのが大事です。

3語の変数・クラス名の場合

3語の名詞が連続する変数名の場合、名詞だけで構成して形容詞を使わなかったり、前置詞を省略すると3語それぞれがどの単語を修飾するのかがわかりづらくなります。結果的に意味が通じづらくなりますので、できるだけ避けるべきです。

- friend_invitation_conversion：友人を招待した後、その友人が承諾したコンバージョン情報
- FoodKnowledgeRecipe：FoodKnowledgeという食材知識を表すクラスが持つレシピの情報
- editor_staff_permission：編集者の権限

1つ目の例はconversion_of_friend_invitationやconversion_of_invitation（friendがinviteするのが前提ならfriendは省略して良い）や前置詞を省略してinvitation_conversionとすることもできます。

2つ目の例は、FoodKnowledge::Recipeという名前空間を切るべきだと思います。

3つ目の例のeditor_staffのeditorが形容詞的に示すところの「編集者の」という意味にはeditorialというちょうど良い形容詞があります。この例では、それを使ってeditorial_permissionと表すことができます。

🔊 単数形か複数形か？

item_list

名詞を連続するケースと同様に、list_of_itemsのような、listを伴う場合は、itemを単数にしてitem_listと書けます。その場合にitemは「itemのlist」という意味で形容詞的に使われているので、複数系ではなく単数形を用います。

by

HashやArrayの変数を表すときに、itemとkeyをbyやforで区切って表すとその構造がわかりやすいです。

たとえば曲名をまとめた、[曲名 , 曲名 ...]という構造の配列があったとし

ます。曲名が複数あるので変数名を songs と複数形で表します。

　そして、アルバム名をキーにとり、そのアルバムの曲名の配列を値にとる以下のような構造の hash にその配列を格納するとします。

```
{ アルバム名: [曲名, 曲名 ...], アルバム名: [曲名, 曲名 ...], ... }
```

　このとき songs_by_album と命名すると、キーがアルバムで、値が曲名の配列であることがひと目でわかります。

for

　item_for_key、items_for_key は、key が 1 つに限定されているときにその値を指す変数として使います。

```
# keyごとにitemが1つある
item_by_key = { key: item, key: item ...}
item_for_key = item_by_key[key] # 1つのkeyに対応するitem
puts item_for_key
# => item

# keyごとにitemが複数ある
items_by_key = { key: [item, item ...] }
items_for_key = items_by_key[key] # 1つのkeyに対応するitems
puts items_for_key
# => [item, item ...]
```

第7章

コーディングスキルアップのための英語

この章で学べること

- 英語的センスをコードの論理構造を修正するのに役立てる
- 振る舞いを抽象化するときは形容詞を使う
- 具体を抽象化するときには名詞を使う
- クラスのメッセージングを共通化しようとすると、抽象化すべきクラス名が見えてくる
- スペックに使用するモックやフィクスチャが多いことは、そのスペックで定義されているメソッドが不必要に依存する文脈がある可能性を暗示している
- expect{}.to change{} はスペックで定義されているメソッドに副作用のあるコードであることを暗示する
- it や specify の違いを意識しながらスペックを書くと、メソッドが所属すべきクラスが見えてくる

第7章 コーディングスキルアップのための英語

7-1 振る舞いを抽象化するときは形容詞を使う

　最終章では、応用編として英語的センスをコードの論理構造を修正するのに役立てることにフォーカスして、より戦略的な英語力の利用を試みます。コード中の複雑性の多くはオリジナルのコードに既に仕込まれていて、後々肥大化して気付くことが多いですが、幾つかの型を知っていれば事前に火種をつぶしておいたり、既に肥大化してしまったコードを縮小するのに役に立たせることができます。英語的センスがそうした『コードの臭い（Bad Smells in Code）』[※1]を嗅ぎ取る手助けをしてくれることがあります。この章はそうしたセンスを養い、英語力を利用してコーディングスキルの向上に還元できるように手助けすることを目的としています。

　さて、この章では、架空のハウスミュージック音楽配信サイト「NineONineRecords」を支えるコードを例に進めていきましょう。NineONineRecordsが楽曲オーナー達のパーティに来てくれたお客さんに限定してトークンを発行することで、新曲を先行試聴してもらえるサービスを始めたいとします。

　最初の段階のコードはごくシンプルにUserとPartyとAlbumが登場します。UserがPartyに参加し（attend）、Albumを試聴できるTokenを取得するという仕組みです。

```
class User
    attr_reader :name
    attr_accessor :preview_tokens

    def initialize(name:)
        @name = name
        @preview_tokens = []
    end

    def attend(party)
        party.attended_by(attendance: self)
```

※1　"Refactoring: Improving the Design of Existing Code." Martin Fowler 著、Addison-Wesley Professional 刊、1999 年

```ruby
        end

        def able_to_preview?(media)
            media.previewable?(preview_tokens)
        end
end

class Album
    attr_reader :name, :tracks

    def initialize(name:)
        @name = name
        @tracks = [
            {title: 'Galeria Kazimierz'},
            {title: 'Masarska 13/43'}
        ]
    end

    def issue_token!
        @token = "TR909JP8080T99".freeze
    end

    def previewable?(tokens)
        tokens.include?(@token)
    end
end

class Party
    def initialize(featured_album:)
        @featured_album = featured_album
    end

    def attended_by(attendance:)
        issue_token!(attendance: attendance)
    end

    def issue_token!(attendance:)
        attendance.preview_tokens << @featured_album.issue_token!
    end
end

user = User.new(name: 'Eugen')
album = Album.new(name: 'T99')
party = Party.new(featured_album: album)
```

```
user.able_to_preview?(album)
# => false
user.attend(party)
user.able_to_preview?(album)
# => true
```

　user が attend(party) すると Album#issue_token! が実行されます。そこで発行された token は user.preview_tokens に保存されます。Album が音楽配信サイト上で試聴できるかどうかは album.token.previewable? でチェック可能です。

　さてこのとき、Album の他に PromotionalVideo を追加して、それも試聴可能にしたいとします。どのようなコードになるでしょうか？

```
class PromotionalVideo
    attr_reader :name, :tracks

    def initialize(name:)
        @name = name
        @tracks = [
            {title: 'Trailer'},
            {title: 'Krolewska 65A'}
        ]
    end

    def issue_token!
        @token = "SIN.WAVETR808".freeze
    end

    def previewable?(tokens)
        tokens.include?(@token)
    end
end
```

　Album とほとんど同じですね。保持するコンテンツが track と video で異なるだけです。上記のように新しくクラスを作って実装を複製することもできますが、issue_token! と previewable? が Album と全く同じですね。では、どうすればこの振る舞いを共通化できるでしょうか？

　Album と PromotionalVideo に共通する振る舞いは何でしょうか？　それは、試聴が可能であることです。これを Previewable と名付けましょう。他動詞は -able

というサフィックスを付与して「〜されることが可能な」という意味の形容詞になることができます。ここでの「可能」は能力を指すというよりは「〜のように振る舞う可能性がある」ということを意味します。つまり、「普段はどう振る舞っていても良いが、関心事によって特定の振る舞いをすることを約束する」というインターフェイスを -able は形容します。今回の関心事は preview です。よって、以下のように言うことができます。

Album and promotional video are both previewable.

🔊 抽象化する動詞の動作主には -er と -or、受け手には -able

-able を伴うのは基本的には他動詞です。-able を伴って抽象化できるのは動作の受け手です。他動詞 + able で「〜されることができるもの」「〜という動作を受けることが可能な (able to be 他動詞-ed) もの」という意味になるものだけが、able を使って抽象化することができます。今回の例だとアルバムは視聴されることが可能なので、-able を使って抽象化が可能です。

A user with a valid token is allowed to preview the album.

それに対し、ユーザは視聴されることができないので、-able を使って抽象化することはできません。抽象化する動詞の動作の主体は -er と -or を使って表します。-er などを使って抽象化できるのは、er と or で「〜する者」という意味になる他動詞です。今回の例だとユーザは試聴する者なので、-er を使って抽象化することができます。

では、なぜ Previewability という名詞ではなく Previewable という形容詞を命名に使うのでしょうか？　それは、名詞で表されるクラスはインスタンス化しうるので、それと振る舞いとは区別して表記したいからです。また、他動詞 + able の形容詞は「the ＋形容詞」[※2] という形を取って「〜な者」という意味の名詞になるた

※2 「the ＋形容詞」の例には the capables (有能な人)、the dead (死者)、the accused (被告人)、the poor (貧乏人) などがあります。

め、クラス名として使用しても違和感がありません。

　さあ、前置きが長くなりましたがAlbumとPromotionalVideoに共通の振る舞いを、moduleに抽出することで解消できそうなことがわかりました。Previewableというmoduleを作って、AlbumとPromotionalVideoの共通の振る舞いを抽出してみましょう。

```ruby
module Previewable
    TOKEN = ''

    attr_reader :name

    def issue_token!
        @token = TOKEN
    end

    def previewable?(tokens)
        tokens.include?(@token)
    end
end

class Album
    include Previewable

    attr_reader :tracks

    TOKEN = "TR909JP8080T99".freeze

    def initialize(name:)
        @name = name
        @tracks = [
            {title: 'Galeria Kazimierz'},
            {title: 'Masarska 13/43'}
        ]
    end
end

class PromotionalVideo
    include Previewable

    attr_reader :tracks

    TOKEN = "SIN.WAVETR808".freeze
```

7-1 振る舞いを抽象化するときは形容詞を使う

```
    def initialize(name:)
        @name = name
        @tracks = [
            {title: 'Trailer'},
            {title: 'Krolewska 65A'}
        ]
    end
end

pv = PromotionalVideo.new(name: 'Gigamesh - All My Life')
token = pv.issue_token!
pv.previewable?([token])
# => true
```

これで Album と PromotionalVideo の試聴に関する振る舞い (#issue_token!, #previewable?) は Previewable の 1 か所に集約されました。track を持っているという振る舞い（attr_reader :tracks）に関しては Previewable の範疇外なため、そこには含めませんでした。これで、将来、トークンを発行して先行試聴可能にする実装に変更があっても耐えられそうです。また、Album や PromotionalVideo だけではなく、Single[3] や InteractiveContent などのフォーマットが増えても Previewable[4] を適用できそうです。

※3 楽曲の販売単位。本来は 1 曲を表しますが、2〜6 曲程度の曲が収録されている CD、レコードなどの物理フォーマットを指します。現在でもデータ配信で流通される際に、シングルの単位で販売されることがあります。

※4 複数のクラスに共通の振る舞いを形容詞で表すのは Ruby、特に Rails の concern によく見られる習慣です。言語によってこの習慣は異なりますのでその言語の習慣に合わせるのが良いでしょう。ちなみに Swift API Design Guidlines では protocol の命名に際して -able に加えて、振る舞いを表す名詞があればそれを使うことををすすめています。（参考）https://swift.org/documentation/api-design-guidelines

7-2 具体には名詞を使う（クラスによる継承）

さて、7-1 節の音楽配信サイト NineONineRecords が設立 5 周年を記念して、歴代のベスト盤のアルバムを発売することになりました。アルバムはサイトから配信するだけではなく、カセットテープ、レコード、CD でも販売する予定です。

コードベース上にはそれぞれの媒体を表す Cassette、Vinyl（レコード）、CD、StreamingMedia というクラスが既に存在します。それらは price、tracks といった共通のプロパティを持っています。7-1 節では振る舞いに名前をつけて抽出しました。今回の場合も振る舞いに名前を付けて抽出することは可能そうですが、ここでは分類学的にこれらの種類をまとめて言い表せないか考えてみましょう。

Cassette、Vinyl、CD、StreamingMedia は作り手から聴き手に録音物を届けるという同じ目的を共有しています。Recording という名前でも良いかもしれませんが、ここでは届けるという行為に注目して DistributionFormat（配布フォーマット）という名詞で呼んでみましょう。

```
DistributionFormat: price, tracks
 |
Cassette, Vinyl, CD, StreamingMedia
```

今回はモジュールによる振る舞いではなく、継承関係で抽象と具体の関係を表しました。price や tracks を持つ DistributionFormat という親クラスを作成し、子クラスにそれを継承させました。DistributionFormat に distribute というメソッドを持たせ、子クラスで distribute に配布の仕方を定義すればそれぞれに違った配布のされ方ができるようになります。

```
class DistributionFormat
    attr_reader :price, :tracks
    def distribute
        raise NotImplementedError.new("distribute is not implemented")
    end
end
```

7-2 具体には名詞を使う（クラスによる継承）

```ruby
module Previewable
    TOKEN = ''

    attr_reader :name

    def issue_token!
        @token = TOKEN
    end

    def previewable?(tokens)
        tokens.include?(@token)
    end
end

class Vinyl < DistributionFormat
    include Previewable

    TOKEN = "TR909JP8080T99".freeze

    def initialize(name:)
        @name = name
    end

    def distribute
        puts 'pack'
        puts 'dispatch'
    end
end

vinyl = Vinyl.new(name: "Best of 909's")
vinyl.distribute

cassette = Cassette.new(name: "Best of 909's")
cassette.distribute
```

このように分類学的に各クラスを抽象化したときに、その抽象と具体との関係が「それぞれの具体が抽象の仲間である」またはもっと短く「具体は抽象である」[5]と言える関係のときは抽象を名詞で表します。このときの抽象と具体の関係は 7-1 節「振る舞いを抽象化するときは形容詞を使う」（p150）であげた、「普段はどう振る舞っていても良いが、関心事によって特定の振る舞いをすることを約束

※5 リスコフの置換原則と言います。

する」というインターフェイスよりも遥かに密に束縛し合っていて、クラス名が表す振る舞いが具体全体に及びます。

🔊 具体と振る舞いどちらを選べばよいのか？

具体によって抽象化するか、振る舞いによって抽象化するかは、抽象とその対象である具体がどのような関係にあるかで区別することができます。具体と抽象に「具体は抽象である」が成り立つときは継承、それは成り立たないが「具体は抽象のように振る舞う」が成り立つ場合は振る舞いによって抽象化します。ただし、継承の場合は「具体は抽象のように振る舞う」も成立します。先の例で説明するとこのようなことが成立します。

- Vinylはdistributable（配布可能）でありdistribution（配布物）である
- VinylはPreviewable（試聴可能）だがPreview（試聴）そのものではない

具体と振る舞いを決める作業をフローにしてみるとさらに明確です。

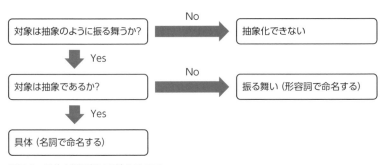

図 7-1 具体と振る舞いを決めるフロー

具体による抽象化と振る舞いによる抽象化は目的が異なります。抽象化を試みていると、つい抽象化の対象にフォーカスしてしまいますが、実は他のクラスが抽象にどのような命令を送ったり、どのような属性があることを期待しているかということが目的を分けているのです。

- 振る舞い：具体と抽象が分類学的に別物でも、ある観点では同じ振る舞いを期待する
- 具体：分類学的に抽象と全く同じ振る舞いを具体に期待する

たとえば同じ馬に「私を乗せてどこかある場所に届けてくれる」という振る舞いを期待するとして、馬を単に乗り物として分類する場合は、振る舞いとして抽象化します。それに対し、馬の生き物としての振る舞いをコード中で期待する場合は、具体として抽象化します。

振る舞いは全く関連のないものの間で使われても大丈夫です。それに対し、具体の継承はツリー構造を形作り、上位クラスの契約を全て子クラスに強制します。具体として抽象化した場合、つまりクラス継承を使った場合、サブクラスは上位クラスの定義を全て守るべきです。上位クラスに定義されていることの全てを下位クラスに定義できない場合は、そのクラスを継承ツリーから外しましょう。

🔊 誰が抽象メソッドを持つべきか？

さて、先ほどの Album、PromotionalVideo の例に戻りましょう。NineONine Records のサイト上で AudioPlayer[6] を使って楽曲を再生できるようにしたいと思います。AudioPlayer で楽曲が試聴可能か判定して可能であれば再生できるようにします。以下の実装を見てみましょう。

コントローラ側

```
user = User.new(name: "Eugen")
album = Album.new(name: "Best of 909's")
user.preview_tokens << album.issue_token!
AudioPlayer.new(user: user, play_list: album)
```

AudioPlayer に user と album を渡して、試聴可能だったら初期処理（initialize）で再生ボタンを表示するようにプログラムしています。

※6　実際にはクライアントサイドに実装があるはずですが、ここでは便宜上サーバサイドの Ruby で定義するものとして扱います。

第7章　コーディングスキルアップのための英語

```
class AudioPlayer
    attr_reader :user, :play_list

    def initialize(user:, play_list:)
        @user = user
        @distribution_format = play_list
        display_tracks
    end

    def previewable?
        distribution_format.previewable?(user.preview_tokens)
    end

    def display_tracks
        puts "Display tracks"
        puts "Display play buttons" if previewable?
    end
end
```

さて、このコードの問題点は何でしょうか？

1つには、この初期化処理で display_tracks が呼ばれていて、楽曲と再生ボタンの表示が行われているのが想像しづらいことです。それから、6-2節の「誰が主語なの？　〜SRPから動作の主体を探す」項（p135）を思い出してください。そこではクラスとメソッドが主語と述語の関係になるようにするとしっくりきやすいということを説明しました。ここでもその法則を当てはめて考えてみます。

AudioPlayer、User、Album についてそれぞれを主語にして英文で考えてみましょう。

- ×：The audio player is previewable.
- ×：Users are previewable tracks in the album.
- ◯：The album is previewable.

試聴可能なのはアルバムであり、それ以外のオーディオプレイヤーやユーザが試聴可能なわけではありません。つまり上記の例で AudioPlayer が previewable? というメソッドを持つには無理がありそうです。もしも同じ役割のメソッドを持つとしても、名前は playable?（再生可能？）という名前にすべきです。AudioPlayer

は User が Album を試聴可能かどうかには関心を持つべきではないので、initalize 経由で User の存在を知ることは避けたほうがよいでしょう。AudioPlayer は単に渡された Album を表示し、再生可能であれば再生ボタンを表示する（User には関知せず、Album にのみ関知する）ようにすべきです。

では、そのようにコードを修正してみましょう。

```
class AudioPlayer
    attr_reader :user, :play_list

    def initialize(play_list:)
        @play_list = play_list
    end

    def display_tracks(playable: false)
        puts "Display tracks"
        puts "Display play buttons" if playable
    end
end
```

コントロール側

```
user = User.new(name: "Eugen")
album = Album.new(name: "Best of 909's")
player = AudioPlayer.new(play_list: album)
playable = album.previewable?(user.preview_tokens)
player.display_tracks(playable: playable)
```

　display_tracks に playable というデフォルトで false のキーワード引数を追加しました。これで、コントロール側では再生可能であれば再生ボタンを表示するといった処理をしていることが推測できます。AudioPlayer にとっても、再生可能かどうかだけ知っていればよいことになりました。言い換えると、play_list.previewable?(user.preview_tokens) を AudioPlayer クラス内から消すことができたので、User がトークンを持っていることや配布フォーマットがユーザのトークンで試聴可能か判定できるということを知らなくて済むことになりました。

7-3 メッセージングに名前を付ける

　さて、いよいよ作業も大詰めです。試聴期間も終わり、NineONineRecords では新しいアルバムのリリースに向けて準備に取り掛かっています。アルバムは 2 つの方法で流通させる予定です。1 つは試聴と同じストリーミング配信、もう 1 つは CD を小売業者向けに流通させる予定です。このアルバムのリリース作業をコードで表してみましょう[※7]。

```
class RecordLabel
    def release_album
        album.streaming_media.tracks.each(&:load)
        album.streaming_media.tracks.each(&:display)

        cds = album.cd.replicate
        packages = album.cd.pack(cds)
        album.cd.send(packages, recipient: retailers)
    end
end
```

　このコードには将来問題を引き起こしそうな点があります。RecordLabel は streaming_media や cd の下にどのようなプロパティかメソッドがあるか知りすぎています。また、どのような文脈で配布が行われるか知りすぎています。そのため、将来たとえば CD の生産工程にちょっとした変更があったとして、本来生産工程に直接関心のないはずの RecordLabel のコードを書き換えなければなりません。streaming_media を CDN にロードすることになった場合はどうなるでしょうか？　RecordLabel は将来にわたって、自分に関心のないはずの変更の影響に頻繁にさらされる可能性があるのです。

　これに対処するには、メッセージ（＝メソッドコール）が誰から誰に送られているかに注目してみましょう。RecordLabel は tracks や cd など、遠くにある末端のオブジェクトにメッセージを送っています。このメッセージングに名前を付けて

※7　実際には CD の制作にはプレス工場が携わるはずですが、便宜上その存在を割愛しました。

みましょう。遠すぎる誰かに直接メッセージを送っているということは、その中間にいるオブジェクトにインターフェイスが足りていないのではないかという表明になります。RecordLabel が直接の関係者にだけメッセージを送るように書き換えていきます。

RecordLabel は tracks や cd など末端のオブジェクトにはメッセージを送らず、代わりに彼らに末端のメッセージ（load、display、replicate）を実行する責任を持ってもらいます。では、どのような名前が良いでしょう。streaming_media や cd は「何のため」にこのような細かな工程を踏んでいたのでしょうか？

以前は streaming_media や cd をまとめて distribution_format と呼んでいました。streaming_media や cd が行いたいことは自身の配布です。そのようなことから、ここでは streaming_media や CD が自身を配布するメッセージを distribute と命名してみましょう。この命名には少々コツがいります。なぜなら日本語では CD やストリーミングを主語にとったとき、「配布する」という述語にあまり馴染みがないためです。日常会話の単語を勉強するなんて全くの遠回りのようですが、このように単語の選定などに役に立つことが多いです。

配布のプロセスを distribute にまとめると、以下のようになります。

```
class RecordLabel
    def release_album
        album.streaming_media.distribute
        album.cd.distribute
    end
end
```

ここまでくれば、RecordLabel はさらに streaming_media や cd の存在に関知しないで album にだけ直接メッセージングすることができます。つまり RecordLabel からは `album.distribute` を呼んで、Album に distribute を実装すればよいのです。

```
class RecordLabel
    def release_album
        album.distribute
    end
end
```

```
class Album
    def distribute
        streaming_media.distribute
        cd.distribute
    end
end
```

RecordLabel は「自分の直接のプロパティである album の distribute を呼べばアルバムが配信される」ということさえ知っていればよいという状態になりました。

同様に、もしも Album#distribute_each というメソッドがあって、その中が distribution_format の型によって分岐されているような次のような実装があったとします。

```
class Album
    def distribute_each(distribution_format)
        case distribution_format
        when StreamingMedia
            distribution_format.tracks.each(&:load)
            distribution_format.tracks.each(&:display)
        when Cd
            cds = distribution_format.replicate
            packages = distribution_format.pack(cds)
            distribution_format.send(packages, recipient: retailers)
        when Cassette
            cassettes = distribution_format.replicate
            packages = distribution_format.pack(cassettes)
            distribution_format.send(packages, recipient: retailers)
        when Vinyl
            vinyls = distribution_format.press
            packages = distribution_format.pack(vinyls)
            distribution_format.send(packages, recipient: retailers)
        end
    end
end
```

そのような場合は、ダックタイピングできるように全ての型に配布に関する責務・実装を移動して、distribute というメソッド名を付けることができます。これは単に Album の実装をすっきり見せるのが目的なのではありません。先述のように、関心のない責務から Album を守るのが目的です。

```
class Album
    def distribute(distribution_format)
        distribution_format.distribute
    end
end
```

　このように、whenやis_a?、responds_to?など型判定を伴うif文は、判定される側のクラス群に共通の責務があって、ダックタイピング可能なことを暗示しています。

7-4 英語的な感覚をTDDに応用する

　この節では、先述のAudioPlayerを例に、英語的な感覚をTDDに応用する方法をご紹介します。テストはRSpec（ver.3系）[8]を使って書きます。RSpecはspecification（仕様・仕様書）をDSL的に書くことができます。自然言語に近い形で視認できることがRubyの強力な利点であり、その恩恵を受けてRSpecもDSL的に仕様書として成立できています。良いRSpecは、コードリーディングする際に仕様をざっと把握し、どの部分のコードを読むべきかマッピングするのに役立ちます。

　この本では、RSpecの基本的な書き方については網羅的な解説はしません。その部分はBetter Specs（http://www.betterspecs.org/）や他書に譲るとして、TDDやテストされるコードを洗練していく方法を解説していきます。

🔊 最初の例

　この章で前述したAudioPlayerの最初の実装を例にとってスペックを書いてみましょう。`AudioPlayer#display_tracks`のスペックを書いていきます。`#display_tracks`の`#`は`display_tracks`がAudioPlayerのインスタンスメソッド[9]であることを意味します。

```
module Previewable
    TOKEN = ''

    attr_reader :name

    def issue_token!
        @token = TOKEN
    end
end
```

※8　RSpecはバージョン依存性があり情報の鮮度は移り変わりますが、ここではDSLの特質を示したいのと、業務アプリ開発であればRSpecがデファクトスタンダードになっているので採用しました。
※9　もしもクラスメソッドである場合は「.」を使って`AudioPlayer.display_tracks`と表記します。

```ruby
        def previewable?(tokens)
            tokens.include?(@token)
        end
end

class Album
    include Previewable
    attr_reader :tracks

    TOKEN = 'T99'.freeze

    def initialize(name:)
        @name = name
    end
end

class User
    attr_reader :name, :preview_tokens
    attr_accessor :monthly_preview_limit

    def initialize(name:)
        @name = name
        @preview_tokens = []
        @monthly_preview_limit = 1_000
    end
end

class AudioPlayer
    attr_reader :user, :play_list, :track_displayed

    def initialize(user:, play_list:)
        @user = user
        @play_list = play_list
        display_tracks
    end

    def previewable?
        play_list.previewable?(user.preview_tokens)
    end

    def display
        if previewable?
            "#{display_tracks} #{display_playbuttons}"
        else
            "#{display_tracks}"
        end
```

```ruby
        end

        def display_tracks
            "Display tracks"
        end

        def display_playbuttons
            user.monthly_preview_limit -= 1
            "Display play buttons"
        end
end

# Rspec
describe AudioPlayer do
    let(:album) { Album.new(name: "Best of 909's") }
    let(:user) { User.new(name: "Shiki") }
    let(:audio_player) { AudioPlayer.new(user: user, play_list: album) }

    describe "#previewable?" do
        subject{ audio_player.previewable? }

        context "when an album issues a token to someone" do
            before { user.preview_tokens << album.issue_token! }

            it "is truthy" do
                is_expected.to be_truthy
            end
        end

        context "when an album doesn't issue a token to someone" do
            it "is falsey" do
                is_expected.to be_falsey
            end
        end
    end

    describe "#display" do
        subject{ audio_player.display }

        context "when an AudioPlayer is previewable" do
            before { user.preview_tokens << album.issue_token! }

            it "displays tracks and their play buttons" do
                is_expected.to eq("Display tracks Display play buttons")
            end
```

7-4 英語的な感覚をTDDに応用する

```
            it "decreases user's monthly preview limit" do
                expect {
                    audio_player.display
                }.to change {
                    user.monthly_preview_limit
                }.to 999
            end
        end

        context "when an AudioPlayer is not previewable" do
            it "only displays tracks" do
                is_expected.to eq("Display tracks")
            end
        end
    end
end
```

　このスペックを実施してみましょう。上記のコードを audio_player_spec.rb という名前で保存して、以下のコマンドを実行してください。documentation をフォーマットに指定して仕様を文章化して出力します。

```
%rspec ./audio_player_spec.rb --format documentation
AudioPlayer
  #previewable?  1)
    when an album issues a token to someone
      is truthy
    when an album doesn't issue a token to someone
      is falsey
  #display
    when an AudioPlayer is previewable
      displays tracks and their play buttons
      decreases user's monthly preview limit  2)
    when an AudioPlayer is not previewable  1)
      only displays tracks  3)
```

　it で囲まれたブロックを example と呼びます。it が 5 つあり、5 つの example が実施され、失敗が 0、つまり全ての example が成功したことを意味します（めでたしめでたし）。

　しかし、このコードにはまだまだ改善できる点があります。表面的な問題から取り組んでみましょう。

🔊 主な改善点

1) previewable

#previewable? や an AudioPlayer is not previewable の部分の違和感に気づくかもしれません。先述の他動詞＋able の法則の通り、AudioPlayer そのものは視聴可能なわけではありません。AudioPlayer#previewable というメソッドがあるから example をこのように書いてしまいましたが、そもそもそのメソッド名が間違っているということは先述の通りです。こうしてドキュメントに書き出してみるとより気付きやすいのです。先ほどと同様に、playable と代わりに表記しましょう。

それに #previewable? と #display の example は「token が発行されている／いない」という同じ条件を繰り返しているので、なんだか無駄な感じがします。このことは、AudioPlayer#previewable? が間借りしているクラスが間違っており移動したほうがよい、もしくは命名が間違っている、ということを示唆しています。この感覚を覚えておいてください。

2) decreases user's monthly preview limit

```
#display
    displays tracks and their play buttons
    decreases user's monthly preview limit
```

これらの example は #display が楽曲と再生ボタンを表示するという直接の作用と、user.monthly_preview_limit が1つ減るという副作用を定義しています。スペックのコード中の it は AudioPlayer#display を指します。つまり、"decreases user's monthly preview limit" の主語が #display であることを示唆しています。しかし、実際に monthly_preview_limit を減らしているのは AudioPlayer#display_playbuttons です。これはわざと回りくどく以下のように書くことで「#display が（誰かに）monthly_preview_limit を減らすようにさせた」という意味を強調することができます。

7-4 英語的な感覚をTDDに応用する

```
describe "#display" do
    it "gets user's monthly preview limit decreased"
```

しかし、このように、get、make、have、let といった動詞を含む説明や、expect{ }.to change{ } を含む example は、それが副作用を試しているということを示唆します。この場合、まず副作用を生む本体コードを削除・移動することを検討しましょう。AudioPlayer が user の monthly_preview_limit について関心を持つべきでしょうか？　このようなコードは、将来 AudioPlayer を RubyGem 化しようと思っても、ユーザのロジックへの依存が高く分離できないコードを作ってしまいます。たとえるならユーザのロジックが手を伸ばして AudioPlayer の内蔵を掴んで離さないような状態です。

どうしても削除・移動ができない場合、このような副作用を定義する example は it ではなく specify を使って説明します。副作用を起こしたきっかけは #display ですが、user.monthly_preview_limit を1つ減らした直接の動作主ではないので、it で表すのは不自然です。それに、直接の主語は #display_tracks であり、そのスペックで user.monthly_preview_limit が1つ減ったことを確認すべきで、ここでも同じ確認をするのは冗長です。

たとえば display_tracks の example は以下のように書きます。

```
describe "#display_tracks" do
    specify "user.monthly_preview_limit decreases"
```

it も specify もその実装は同じです。it を主語にしては不自然な場合のために specify が用意されています。

このように example を英文と考えると、describe は主語、it は主語を指す代名詞で、説明は述語を含む句にあたります。specify は it と違い主語を限定しないため、自分で主語を説明に書く必要があります。そのため specify は副作用を伴う example にも使うことができます。スペックを書く過程でこの関係に当てはまらないものを見つけた場合は、テストされるコードを書き換える必要があるでしょう。

3) only displays tracks

この example の only はないほうが良いです。

```
when an AudioPlayer is not previewable
  only displays tracks
```

CI を実施中にこの部分の example が失敗したのを発見した誰かが、大急ぎでこの example を修正する必要があることを想像してみてください。only が何を指すのかを他の example を読んで文脈を把握する必要があります。それとも、ちょっとした不安を抱きながら only が何を意味するのか無視すれば良いかもしれません。でも、できればどちらもやりたくないし、やらせたくないですよね。そういう理由から only はないほうが親切です。また、単に視認性の面からも、only なしで displays が縦に並ぶほうがそれぞれの example の違いを把握しやすいという側面があります。

ちなみに、この例文中の only の位置は頻繁に見かける間違いです。only は基本的に直後の単語を修飾するので「楽曲だけを表示した」ではなく「楽曲を表示する以外のことは何もしなかった」という意味になります。微妙な違いですが、後者は表示にまつわることだけではなく、他の何事もしなかったことを意味します。

🔊 日常会話のような表現

文章化したコードをつなげて読んでみる

文章化した出力のうち、1 つの example を横につなげて読んでみます。

AudioPlayer, #display, when an AudioPlayer is not previewable, only displays tracks

簡素なスペックなので一見整理されたように見えますが、これは文学的な文で書かれているため、意味が少し回りくどいです。an などの冠詞は、RSpec ではコードリーディングのノイズになるので、入れないほうが良いです。only も先述の理由からないほうが良いです。この規模ならそこまで気になりませんが、他の

exampleが大量に出力された場合やcontextが入れ子になったスペックを想像してみてください。テストされるコードの全貌を把握するのが困難になっていきます。

ちなみに、メソッド名の#displayは動詞の原形、スペックの説明のdisplaysは三人称単数現在形で表記します。メソッドは命令なので命令形で表記するのが自然です。それに対し、スペックの説明は仕様書なので、現在形で表記して断定的に書きます。三人称なのは主語がAudioPlayerだからです。

このようにRSpecでは、英語的なセンスを要しながらも自然言語とは異なる独自の書き方をします。Better Specsではこれらの書き方を推薦しています。しかしながら最初のうちはそれらに沿ってスペックを書いていくのは煩わしいでしょう。何事も原理主義である必要はありませんが、最終的には簡素で把握しやすいスペックを目指していくべきだと思います。

🔊 さらなる改善点

では、まずは以下のような出力になるように、各exampleの説明を書き換えてみましょう。

```
AudioPlayer
  #playable?
    when user has token  6)
      is truthy
    when user doesn't have token
      is falsey
  #display
    when playable  4)
      displays tracks and their play buttons  7)
      gets user's monthly preview limit decreased
    when not playable  5)
      displays tracks
```

だいぶスッキリしました。ほぼほぼ、箇条書きのようになったため、斜め読みで全体が把握できるようになりました。目的の仕様を把握するだけのために、壮大な抒情詩のような仕様書を読みたくないですよね。

上記のような表記はRSpecで推薦されている一方、英文法とは異なるのでとっつきづらいと思われがちです。それは、書き方に以下の4)、5)のような独特の短

4) when playable

クラス内ではAudioPlayerが主語になります。主語が定まっている場合、自然言語では同文中に限り、whenやifなどで主語を省略しても大丈夫です。文頭の主語で補完できるためです。

例：An audio player displays tracks and their play buttons when (it is) playable

これと同じように、exampleの説明中でも主語を省略ができます。

5) when not playable

最初の出力結果全体から仕様を把握するために上から下に読むことを想像してみてください。when an AudioPlayer is playableに対してwhen an AudioPlayer is not playableが否定の条件を表しているということに気付くには、本を読むように読み進める必要がありました。それに対してこの箇条書きスタイルは、肯定と否定を一目で認識することができます。

6) when user has token

AudioPlayerのスペックにuserが主語になっている条件があることに違和感を感じないでしょうか？　ユーザがトークンを持っていることとAudioPlayerに何の関係があるのでしょうか？　このことから#playable?がはたしてAudioPlayerに実装されているべきだろうかという疑問が湧きます。

7) displays tracks and their play buttons

theirがそのまま残っているのは、省略してしまうとtrackに関係なく無作為な場所に複数の再生ボタンが表示されるという意味に取れてしまうためです。ここは省略しません。

🔊 スペックの準備が多い場合

スペックの準備にいささか徒労を要していないでしょうか？　たとえば単に AudioPlayer#display をテストしたいだけなのですが、Album と User のインスタンスを生成しなければテストする AudioPlayer のインスタンスを生成できません。

```
let(:album) { Album.new(name: "Best of 909's") }
let(:user) { User.new(name: "Shiki") }
let(:audio_player) { AudioPlayer.new(user: user, play_list: album) }

before { album.issue_token!(user: user) }
```

テストの実施に複雑な準備が必要になってしまっています。これは本体コードに複雑なコンテキストが必要になってしまっていることを意味します。

ここで成されていることのいくつかを分離できないか検討してみましょう。たとえば、AudioPlayer のインスタンスを生成するために user が本当に必要でしょうか？　言い換えると、AudioPlayer が user の状態にどんな関心を持つべきでしょうか？　ユーザの操作を代弁するコントローラが外部にあって、AudioPlayer をコントロールすればよいのではないでしょうか？

これらを踏まえてスペックのコードを更新してみましょう。

```
module Previewable
    TOKEN = ''

    attr_reader :name

    def issue_token!
        @token = TOKEN
    end

    def previewable?(tokens)
        tokens.include?(@token)
    end
end

class Album
    include Previewable
      attr_reader :tracks
```

```ruby
        TOKEN = 'T99'.freeze

    def initialize(name:)
        @name = name
    end
end

class AudioPlayer
    attr_reader :play_list

    def initialize(play_list:)
        @play_list = play_list
    end

    def display(playable: false)
        if playable
            "#{display_tracks} #{display_playbuttons}"
        else
            "#{display_tracks}"
        end
    end

    def display_tracks
        "Display tracks"
    end

    def display_playbuttons
        "Display play buttons"
    end

end

describe AudioPlayer do
    describe "#display" do
        let(:album) { Album.new(name: "Best of 909's") }
        let(:audio_player) { AudioPlayer.new(play_list: album) }

        context "when playable" do
            subject{ audio_player.display(playable: true) }

            it { is_expected.to eq "Display tracks Display play buttons" }
        end

        context "when not playable" do
```

```
            subject{ audio_player.display(playable: false) }
            it { is_expected.to eq "Display tracks" }
         end
      end
end
```

どうでしょう。ぐっと短く、シンプルになりました。では、何が変わったのでしょうか？

AudioPlayer#playable?

登場人物が減りました。

Before

```
def display
```

After

```
def display(playable: false)
```

まず、視聴可能か既に外部で判定し終わった結果を #display(playable: false) の引数である playable が受けます。そのことによって、AudioPlayer 自身が user と album の token を比較して、user が album を視聴可能かどうか判定するという役割を持つのを止めることができました。別の言い方をすると、AudioPlayer は User に関心を持たないようになりました。これによって、スペックから User の存在を消すことができました。

#playable? の example も #display の example も、user の token のある／なしという同じ条件を繰り返していましたので、冗長でした。この部分も削除することができました。これにより、スペックの準備に要していた let や before のたぐいも削除することができました。

✕ gets user's monthly preview limit decreased

同様に、user.monthly_preview_limit についてのコードを AudioPlayer から分離

しました。これによって副作用を伴う example をスペックから削除することができました。そもそも AudioPlayer が user の視聴可能制限に関心を持つべきではなかったのです。

it 以降の説明を省略した

it 以降の "" で書かれた説明はテスト内容とほぼ同義でした。そのような場合は説明をわざわざ書く必要はありません。ブロックで example を囲って DSL 的に書いてあげれば良いでしょう。

```
it { is_expected.to eq "Display tracks Display play buttons" }
it { is_expected.to eq "Display tracks" }
```

DSL 的と称しているのは、この場合自然言語の説明の代わりに Ruby で記述しているからです。it が主語のように振る舞って、その先の検証部分も英文のように表記できます。自動で document 形式の出力もしてくれます。

こちらがスペックのコードを最終的に変更した後の出力結果です。

```
AudioPlayer
  #display
    when previewable
      should eq "Display tracks Display play buttons"
    when not previewable
      should eq "Display tracks"
```

ちなみに、これらの変更によってコントローラ側のコードは次のように変わります。

Before

```
user = User.new(name: "Shiki")
album = Album.new(name: "Best of 909's")
user.preview_tokens << album.issue_token!
player = AudioPlayer.new(user: user, play_list: album)
player.display
```

After

```
user = User.new(name: "Shiki")
album = Album.new(name: "Best of 909's")
user.preview_tokens << album.issue_token!
player = AudioPlayer.new(play_list: album)
playable = album.previewable?(user.preview_tokens)
player.display(playable: playable)
user.monthly_preview_limit -= 1 if playable
```

　コントローラ側のコードは長くなりますが、それは問題ではありません。これらの変更で、登場するそれぞれのクラスの関係を疎結合にすることができました。あるクラスの変更が予期せぬクラスの不具合を引き起こすというようなことが減り、変更に耐えやすいコードにすることができました。

🔊 TDD のまとめ

　RSpec の describe、it、specify などの予約語を自然言語的に捉えることが、本体コードの構造的不備に気付く鍵になることを今まで解説しました。特に顕著なのは it と specify です。実装が全く同じなのに、このように別名のメソッドにするケースを Ruby 以外の言語のライブラリではあまり見かけません。メソッドが1つあれば、プログラマーにはそれを使ってもらい、使う側のコードでなんとか意味が通じやすいように書き方を工夫してもらうライブラリが他の言語にはまだまだ多いのが現状です。

　TDD では、「自然言語的にしっくりくる状態」になるようにメソッドの命名や所属すべきクラスを調整していくことで、結果的に本体のコードを良く整備することができます。RSpec をはじめ、Ruby で書かれたライブラリはそのちょっとした違いが、利用者のプログラムに大きな違いを生むことをよくわかっているのです。

効率良く勉強するために便利なツール

付録　効率良く勉強するために便利なツール

🔊 英語全般の質問ができる

Stack Exchange - English Language & Usage (http://english.stackexchange.com/)

　英語に関する知りたいことをネイティブスピーカーに質問したり、既存の質問から検索することができるQ＆Aサイトです。よく似た単語の意味の違いや使われる場面の違いを調べたり、特定の意味の単語があるかを調べたりすることができます。

例：What do you call the space where you park a car?
　　1台の車を停めるスペースってなんて言うの？

http://english.stackexchange.com/questions/315107/what-do-you-call-the-space-where-you-park-a-car-parking-spot-space-bay-or-wha/315236

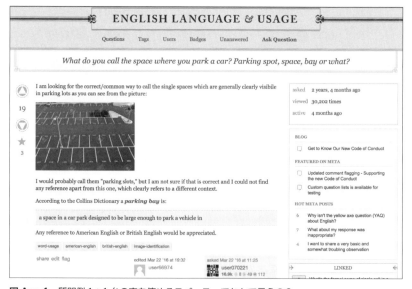

図 App-1　質問例1：1台の車を停めるスペースってなんて言うの？

🔊 辞書

英辞郎

他にはない、スラングも網羅した辞書です。意味のカバー範囲が広く、最近のスラングを除いて、これを使って単語の意味がわからなかった経験はほとんどありません。

- iOS 版
    - オフライン版（i 英辞郎）：http://www.sokoide.com/ieijiro/iap/
    - オンライン版（英辞郎 on the web）：
      https://itunes.apple.com/jp/app/ying-ci-lang-on-the-web-aruku/id365874160?mt=8
- Android 版
    - オンライン版（英辞郎 on the web）：
      https://play.google.com/store/apps/details?id=jp.co.alc.eow

Urban Dictionary (http://www.urbandictionary.com/)

スラングのみを集めたオンライン辞書です。

例：pull a trump - 何の罰も受けずに頭に思い浮かんだことを言うこと

http://www.urbandictionary.com/define.php?term=pull+a+trump

図 App-2　スラング例：pull a trump

例：Japanese bonus track
- コレクションをするときにいらないけど買わなければいけない余計なもの

http://www.urbandictionary.com/define.php?term=Japanese+bonus+track

図App-3　単語例：Japanese bonus track

🔊 語彙の学習

iKnow (http://iknow.jp/)

語彙力を付けるなら、圧倒的な記憶定着力のあるクイズアプリを提供してくれるこちらが便利です。脳科学に基づいて学習コースが設計されていて、忘れた頃に単語がクイズに出現して記憶定着を助けてくれます。正解しなければ学習コースをクリアすることはできません。

🔊 技術用語を選定する

Tech Dictionary (http://www.techdictionary.com/index.html)

クラス名や変数名を選定するときはこちらを見て単語を比較すると便利です。

🔊 単語帳

ある程度辞書を引かなくても本を読めるようになってきたら、多読で語彙を定

着することをおすすめします。それでも何度も辞書で調べてしまうような単語は単語帳に登録して適宜復習するのが良いでしょう。

単語帳メーカー（https://tangomaker.net/、iOS のみ）

シンプルな単語帳アプリ。単語に画像も設定できたり、エクセルから単語を一括でインポートできます。

Quizlet（https://quizlet.com、Android のみ）

フラッシュカード、筆記、マッチなど幾つかの学習モードがあり楽しく学べるように工夫されています。

🔊 スペルミス・文法の修正

grammarly（https://www.grammarly.com）

Chrome のエクステンションとして動作し、自分がブラウザ上に入力した英語の文法上のミスを修正してくれます。ほかに Mac、Windows 版があって、そちらでは類語から単語の選定を変えることができます。

CorrectEnglish（http://www.correctenglish.com/）

Gmail やブログなどを含むオンラインのドキュメントを、スペルミスだけではなく文法的な間違いも修正してくれます。

🔊 実践・応用

Excedo（https://excedo.jp/）

英語をひととおり話せるようになると、今度は他社・他者との協業におけるコミュニケーション能力が重要になってきます。Excedo では他者と英語で「交渉する」「気持ちよく働いてもらう」「うまくコラボレーションする」といった、実践・応用的な英語能力や国際的感覚をつけられるように、スマートフォン・アプリ上でのマイクロラーニングと TV カンファレンス形式の英会話レッスンをサポートしています。また、英会話講師の他にラーニング・カウンセラーがいて、いつもあなたの進捗を見守ってくれます。法人向けです。

おわりに

　最初にこの書籍の企画のお話をいただいてからずいぶんと年月が経ってしまいました。その間に私には転職、子供の誕生、移住などのライフイベントや環境の変化がありました。

　そして、さまざまな方にご協力いただいてついに完成に至ることができました。コードレビューをしてくださった中村肇さん、氏大輔さん、下野寿之さん、英語の学習法について言語学の立場から大変ありがたいアドバイスをしてくださった五十嵐浩子さん、私の英文をレビューしてくださった Martin Moran さん、いつも内容やタイトルなどの相談にのって適切なアドバイスをしてくれた杉山一圭さんに感謝申し上げます。特に、私の遅筆と乱筆の修正に最後までお付き合いくださった山﨑香さん、素敵な表紙をデザインしてくれた河本雪野さんに感謝申し上げます。山﨑さんの文章を読みやすく構成する職人技、要望をデザインで吸収する河本さんの力がなければ本書は成り立たなかったでしょう。

　最後に、仕事から帰宅後や週末に多大な不便をかけられながらもなんとか頑張りとおしてくれた妻の知子に、それから、いつも私やキーボードを叩いたり蹴って執筆をさせてくれなかった子どもたちの夕絃と祇琴にも感謝の気持ちを述べたいと思います。君たちは私たちの癒やしであり誇りです。

参考文献

書籍

- 『笠原式基本の英会話高速メソッド』
  笠原禎一 著、アスコム 刊、2010年

- 『改訂合本 ネイティブの感覚で前置詞が使える』
  ロス典子 著、ベレ出版 刊、2010年

- 『イギリス英語 Total Book』
  カール・R. トゥーヒグ 著、ベレ出版 刊、2001年

- 『完成チェック新総合英語』
  松山正男 著、中央図書新社 刊、1995年

- "Principles and Practice in Second Language Acquisition"
  Stephen Krashen 著、University of Southern California 刊、1892年

- "A General model of second language learning"
  Bernard Spolsky 著、1989年

- "A First Language"
  Roger Brown 著、Harvard University Press 刊、1973年

- "Explorations in Language Acquisition and Use"
  Stephen Krashen 著、Heinemann 刊、2003年

- "About Behaviorism"
  B. F. Skinner 著、Alfred A. Knopf 刊、1974年

参考文献

- "The Role of Consciousness in Second Language Learning"
  Richard Schmidt 著、The University of Hawaii at Manoa 刊、1990 年

- "The role of the linguistic environment in second language acquisition"
  Michael Long 著、San Diego: Academic Press 刊、1996 年

- "Unknown Vocabulary Density and Reading Comprehension"
  Paul Nation 著、Victoria University of Wellington 刊、2000 年

Web

- 第 5 文型とは？
  https://e-grammar.info/pattern/pattern_41.html

- Q04.「五文型」と言われている英文法は、どこの誰が作ったのですか？
  https://www.vsop-eg.com/vsop/q-and-a/q04.php

- 英文法大全
  http://www.eibunpou.net/

- English Like A Native
  https://www.youtube.com/watch?v=R_C4PDSfQJA&t=286s

- How to Do Code Reviews Like a Human
  https://mtlynch.io/human-code-reviews-1/

- Git Commit Good Practice
  https://wiki.openstack.org/wiki/GitCommitMessages

- API Design Guidelines
  https://swift.org/documentation/api-design-guidelines

INDEX

記号
- -able 153
- -er 153
- -or 153

A
- acquisition 20
- Acquisition-Learning Hypothesis 20
- after 40, 41
- at 34, 39

B
- Bad Smells in Code 150
- by 数値 45
- by 道具・手段 42
- by 動作主 42

C
- Contributing 116
- Contribution 116

E
- except for 45
- excluding 45

F
- for 33, 43
- for me 44
- from 46

G
- GitHub 106, 107, 109
- Git のコミットメッセージ 32, 110

I
- in 39
- in want of 74
- including 45
- instead of 45
- International English 109
- into 34

L
- Language Acquisition Device 14
- later 41
- learning 20
- Lexile 78
- Lexile Measure 78, 80

M
- make up 72

N
- nature 20
- Noticing Hypothesis 68
- nurture 20

O
- of 46
- off 37
- on 34, 39
- only 174
- out 37

R
- RSpec 32

S
- Show HN 123
- Single Responsibility Principle 135
- SRP 135
- Stack Overflow 124
- SVOC 50

T
- take off 38

索引

TDD 166, 179
The Affective Filter Hypothesis 15
the Monitor Hypothesis............................. 31
the ＋形容詞 153
to... 43
to me 44

U
un-... 137
Universal Grammar 14
up.. 47
up to 47
Upstart.me 124

V
via 45

W
with 46
with 道具 42
within 40

Y
you、I の省略 61

あ
アクセント 88

い
イギリス英語 97
意味交渉 66
意味の範囲の違い 64
インスタンス化 153

う
生まれつき 20

え
英語的センス 150
英語の語順に慣れる 57
エラー 103

お
音節 54

か
学習 20
各スキルの関係 84
過去分詞 48
カタカナ 129

き
基本の省略 61

く
具体 156, 159
具体と振る舞いを決めるフロー 158

け
言語獲得装置 14
現在分詞 48
検索英文例 102

こ
コードの臭い 150
コードレビュー 116
語順 56, 57
コミットメッセージ 114
コミットメッセージのルール 111
コミュニケーションフロー 72
コロケーション 51, 66, 74
コンテキストが必要 130

さ
避けたほうがよい単語 141

し
時制 132
自動詞 29
シャドーイング 87
習得 20
習得－学習仮説 20
情意フィルター仮説 15

す
スペックの説明 172

せ
整理されたコード 126
前置詞 32, 33, 39
前置詞に関するコモンミステイク 139

そ
育ち 20

た
態の誤り 129, 130
代名詞の省略 63
他動詞 29
他動詞・自動詞どちらにも使える動詞.....29
単語選択の誤り 129
単数形 146
単文中の省略 62

ち
中間言語 68
抽象メソッド 159

て
ディクテーション 87
丁寧な表現 120

と
動作の主体 135
動作の対象 30
動詞 28
動詞にもなってしまう名詞 130
動詞の活用形 132, 134
動詞の省略 63
動詞の態 132
動名詞の形容詞的用法 49
ドメイン固有言語 105

に
認識化仮説 67

は
発音 89

ふ
副詞 36, 39
複数形 146
複数文中の省略 63
普遍文法 14
振る舞い 150, 159
プロパティ名 144
分詞の形容詞的用法 48

へ
変更を強制すべきこと 117
変更を強制すべきでないこと 117

む
無生物主語の省略 61

め
名詞の連続 130, 144
名詞を連続 69
メソッド名 144, 172
メッセージング 162
メモ化 144

も
目的語 28
目的語の省略 61
モニター仮説 31

よ
予約語 179

り
リンキング 55, 87, 88

れ
レビューのコスト 118

■ 著者紹介

鈴木 達矢（すずき たつや）

サーバーサイドデベロッパー兼、モバイルアプリデベロッパー。
英国のスタートアップ企業で働いた後、帰国。その後、数年ぶりに渡欧。現在は英語環境で英語の語学研修アプリの作成に携わっている。
趣味やアクティビティは、音楽全般（特に黒人のハウスミュージック、フォークソング）やファインアート・メディアアートの鑑賞・作成、時事問題・社会心理について考えること。

https://www.linkedin.com/in/suzukitatsuya/

- 装丁 ：河本 雪野
- 本文デザイン／レイアウト ：株式会社トップスタジオ
- 編集 ：山﨑 香

問題解決力とコーディング力を鍛える
英語のいろは

2018年 12月 7日 初 版 第1刷発行

著　者　鈴木 達矢
発行者　片岡 巖
発行所　株式会社技術評論社
　　　　東京都新宿区市谷左内町21-13
　　　　電話　03-3513-6150　販売促進部
　　　　　　　03-3513-6166　書籍編集部
印刷・製本　日経印刷株式会社

定価はカバーに表示してあります。

本書の一部または全部を著作権法の定める範囲を超え、無断で複写、複製、転載、あるいはファイルに落とすことを禁じます。

©2018　鈴木達矢

造本には細心の注意を払っておりますが、万一、乱丁（ページの乱れ）や落丁（ページの抜け）がございましたら、小社販売促進部までお送りください。送料小社負担にてお取替えいたします。

ISBN978-4-297-10247-0 C3055
Printed in Japan

●お問い合わせについて

　本書の内容に関するご質問につきましては、下記の宛先までFAXまたは書面にてお送りいただくか、弊社ホームページの該当書籍のコーナーからお願いいたします。お電話によるご質問、および本書に記載されている内容以外のご質問には、一切お答えできません。あらかじめご了承ください。また、ご質問の際には、「書籍名」と「該当ページ番号」、「お客様のパソコンなどの動作環境」、「お名前とご連絡先」を明記してください。

　お送りいただきましたご質問には、できる限り迅速にお答えをするよう努力しておりますが、ご質問の内容によってはお答えするまでに、お時間をいただくこともございます。回答の期日をご指定いただいても、ご希望にお応えできかねる場合もありますので、あらかじめご了承ください。

　なお、ご質問の際に記載いただいた個人情報は質問の返答以外の目的には使用いたしません。また、質問の返答後は速やかに破棄させていただきます。

◆お問い合わせ先

〒162-0846　東京都新宿区市谷左内町21-13
株式会社技術評論社　書籍編集部
「問題解決力とコーディング力を鍛える
　英語のいろは」係
FAX：03-3513-6183
Web：https://gihyo.jp/book/2018/978-4-297-10247-0